环境地球物理探测技术在污染场地环境调查中的应用

韩春媚　刘兴昌　袁 泉　著

中国环境出版集团·北京

图书在版编目（CIP）数据

环境地球物理探测技术在污染场地环境调查中的应用/
韩春媚，刘兴昌，袁泉著. —北京：中国环境出版集团，2023.2
ISBN 978-7-5111-5462-0

Ⅰ．①环…　Ⅱ．①韩…　②刘…③袁…　Ⅲ．①地球物
理勘探—应用—环境污染—场地—调查研究　Ⅳ．①X508

中国版本图书馆 CIP 数据核字（2023）第 038470 号

出 版 人　武德凯
责任编辑　孙　莉
封面设计　岳　帅

出版发行　**中国环境出版集团**
　　　　　（100062　北京市东城区广渠门内大街 16 号）
　　　　　网　　址：http：//www.cesp.com.cn
　　　　　电子邮箱：bjgl@cesp.com.cn
　　　　　联系电话：010-67112765（编辑管理部）
　　　　　发行热线：010-67125803，010-67113405（传真）
印　　刷　北京中献拓方科技发展有限公司
经　　销　各地新华书店
版　　次　2023 年 2 月第 1 版
印　　次　2023 年 2 月第 1 次印刷
开　　本　787×960　1/16
印　　张　7
字　　数　120 千字
定　　价　38.00 元

编 委 会

潘 临　　深圳市赛盈地脉技术有限公司

杨 楠　　深圳市赛盈地脉技术有限公司

范姝悦　　深圳市赛盈地脉技术有限公司

吴昊朋　　深圳市赛盈地脉技术有限公司

全效吉　　深圳市赛盈地脉技术有限公司

马 峰　　深圳市赛盈地脉技术有限公司

程朝阳　　深圳市赛盈地脉技术有限公司

徐 星　　深圳市赛盈地脉技术有限公司

张 玉　　生态环境部土壤与农业农村生态环境监管技术中心

陈 娟　　生态环境部土壤与农业农村生态环境监管技术中心

前　言

环境地球物理学是环境科学与地球物理学融合交叉的边缘性学科，也是探测地下污染源及其污染介质分布范围的新型学科。环境地球物理利用地球物理学的理论和方法对研究场地进行调查和监测，提供自然因素和人为因素等引起的环境地质变化信息，解决环境污染的调查与监测、环境变化预测、环境修复效果检查等方面的问题。

从 20 世纪 50 年代起，我国就开始进行了一系列环境调查研究工作，而环境地球物理学于 1989 年被提出，研究起步相对较晚，但是具有其他环境分支学科不可替代的优势，在污染场地调查方面的应用与发展受到越来越多的关注。

本书在对土壤与地下水污染现状与环境地球物理学发展现状进行总结研究的基础上，对目前调查方法的"瓶颈"进行分析，提出新兴的场地污染调查、评估技术及污染调查技术规划。针对常用的地球物理探测技术，对其适用范围、信息采集流程与数据解译做了详细阐述。在现有理论知识基础下，给出了不同场地、不同污染物的调查应用案例，旨在为读者提供"提出问题、分析问题、解决问题"的思路与方法。

全书共 4 章，分为国内现状、土壤及地下水污染场地特性与调查技术、环境地球物理探测技术适用范围和信息采集流程与数据解译、环境地球物理探测技术污染调查与应用案例。本书资料翔实丰富、图文并茂，理论与实践兼顾，注重科学性、先进性与实践性的统一，对指导环境地球物理探测技术在污染场地环境调查中的应用具有较高的参考价值。

本书可供地球物理勘探工作者、水文地质工作者、环境地质工作者以及大专院校有关专业师生参考阅读。

目 录

第 1 章　国内现状

1.1　土壤与地下水环境状况

随着我国工农业生产的快速发展和社会人口的不断增加，工业"三废"和污水大量排放、农药和化肥广泛使用、垃圾的随意堆积等导致污染物越来越多，这些污染物对周围土壤环境和地下水水质都造成一定程度的影响。人们对地下水进行不合理开采或过度抽取，改变了地下水的水力状态，加速了地下水污染的进程。不同区域、不同行业类型地块的自然条件、场地环境等方面存在较大差异，因而，场地土壤和地下水的污染分布有所不同。

有学者以我国工业发展的重点区域京津冀地区、长三角地区和珠三角地区为研究对象，基于 2018—2021 年纳入《建设用地土壤污染风险管控和修复名录》的共 496 个污染地块，对其区域分布、土壤和地下水超标污染物特征、污染的行业相关性、场地地质条件等数据进行相关数据统计分析（乔斐等，2022）。结果表明：①京津冀地区污染地块主要分布在京津和冀南，长三角地区污染地块数量最多且分布较广，珠三角地区污染地块则密布于珠江口。整体来看，土壤污染以重金属—有机复合污染为主（48.43%），地下水污染中则是有机污染占比最大（42.49%）。②化学原料及化学品制造业和金属冶炼及压延加工业污染地块为较高风险，塑料和橡胶制品业、机械制造、金属制品业、电器机械及器材制造业和皮革、皮毛制造业污染地块为中风险，其余行业污染地块为低风险。③场地土壤和地下水污染分布与历史行业类型息息相关，土壤中化学原料及化学品制造业超标污染物种类最复杂，地下水中重金属污染和常规指标（如氨和氮）需要关注。④土层深度上，各类典型污染物最大超标深度普遍分布在 0～5 m，整体上重金属最大污染超标深度大于有机污染最大超标深度；土壤性质方面，超标污染物集中在黏性土等低渗透性土层中。

下面将分述我国土壤与地下水环境污染现状。

1.1.1 土壤污染现状

土壤污染是指土壤中涉及的各类污染物质高于相关标准,同时影响土壤的正常功能,降低土壤的营养,在一定程度上阻碍了植物的健康生长。根据《全国土壤污染状况调查公报》(2014),全国土壤总体点位超标率为 16.1%,部分地区土壤污染较重。从土地利用类型来看,耕地、林地、草地土壤点位超标率分别为 19.4%、10.0%、10.4%。从污染类型来看,以无机型污染为主,有机型污染次之,复合型污染比重较小。从污染物超标情况来看,镉、汞、砷、铜、铅、铬、锌、镍 8 种无机污染物点位超标率分别为 7.0%、1.6%、2.7%、2.1%、1.5%、1.1%、0.9% 和 4.8%;六六六、滴滴涕、多环芳烃 3 类有机污染物点位超标率分别为 0.5%、1.9% 和 1.4%。

土壤环境质量受多重因素叠加影响,我国土壤污染是在经济社会发展过程中长期累积形成的,而农业生产、工矿业等人类活动和自然背景值高是造成土壤污染或超标的主要原因。

土壤污染已成为限制我国农业经济发展的主要因素,我国耕地土壤污染面积高达 3.9 亿亩[①],主要污染物为农药和重金属,该问题在林地、草地同样存在。影响农用地土壤环境质量的主要污染物是重金属,包括铬、铅、镉等各种重金属,其中镉为首要污染物。数十年来氮肥施用量不断攀升,导致土壤酸度增加了 6 倍多,影响了土壤对镉的吸附能力(严青和王琳杰,2021)。我国受到农药污染的土地面积在不断扩大,超量使用的各类化肥及农药伴随降水和灌水进入土壤,除一小部分被作物吸收利用外,其余大部分物质积聚于土壤中无法被吸收利用。首先,不合理的灌溉和田间管理方式,产生了一定的深层渗漏风险(谢鹏宇,2021)。其次,污水灌溉也会导致我国大面积耕地出现严重的土壤污染问题(周国新,2020)。随着工业水平的进一步提高,灌溉用水中的重金属污染物如铅、汞、镉等含量不断增大。当前,我国受重金属污染的土地面积已超过 5 000 万亩(林美丽,2022)。

[①] 1 亩≈666.67 m²。

有学者对我国多个地区的土壤进行监测，发现超过 20%的监测土壤存在污染物超标问题，南方地区的污染程度比北方地区更加严重。尤其是在长三角地区、珠三角地区和传统的工业基地东北三省地区，污染问题尤为严重。这说明经济发展程度较高以及工业发展程度较高地区的土壤污染问题较为严重（沈萍，2021）。在重工业聚集区，污染物具有集聚性。工厂违规排放的污染物不仅会污染园区的土壤，还有可能会随着河流等引发大面积的土壤污染问题（王维东，2021）。我国无机型污染情况较为普遍，其中广东省的无机型污染超标率达 30%，重污染企业、垃圾处理场地及采矿区的无机型污染尤为严重，工业用地、建筑用地及其他类型土地存在不同程度的土壤污染超标问题（刘赞等，2022）。

自然背景值高是一些区域和流域土壤重金属超标的原因。如我国西南部、中南部地区分布着大面积的有色金属成矿带，镉、汞、砷、铅等元素的自然背景值较高，加上金属矿冶炼、高镉磷肥施用等，导致这些地区重金属普遍超标，加剧了区域性的土壤重金属复合污染（庄国泰，2015）。又如，深圳市土壤中铅、砷等元素背景含量偏高（DB4403/T 68—2020）。此外，长江中下游两岸土壤镉污染可能与流水搬运和洪灾有关，即在镉成矿带和高背景地区，由于洪水等作用，土壤中的镉会在流域中下游形成富集区或富集带。森林火灾产生的多环芳烃和挥发性有机污染物最终大多沉降到地面，对土壤造成一定的污染。

土壤污染问题是社会关切、人民群众关心的重点、难点问题，也是亟须解决的重大环境问题之一。土壤环境质量直接关系到耕地质量、农产品安全和人居环境健康。土壤环境问题日益凸显、公众环保意识不断提高，国家对土壤环境保护工作也越来越重视。根据中华人民共和国生态环境部发布的《中国生态环境状况公报》，截至 2021 年，全国土壤环境风险得到基本管控，土壤污染加重趋势得到初步遏制。全国受污染耕地安全利用率稳定在 90%以上，重点建设用地安全利用得到有效保障，全国农用地土壤环境状况总体稳定。

1.1.2　地下水污染现状

地下水资源是人类赖以生存的资源，我国地下水已经普遍受到污染。2021 年中华人民共和国生态环境部发布的《中国生态环境状况公报》显示：监测的 1 900个国家地下水环境质量考核点位中，Ⅰ～Ⅳ类水质点位占比为 79.4%，Ⅴ类水质点位占比为 20.6%，主要超标指标为硫酸盐、氯化物和钠。按照《地下水质量标准》

（GB/T 14848—2017）的评价标准，全国接近 2/3 的地下水水质符合Ⅰ～Ⅲ类标准，而水质劣于Ⅲ类的地下水占比为 37%。监测的地下水中，主要的污染指标是总硬度（TH）、三氮（氨氮、亚硝酸盐氮、硝酸盐氮）、铁、锰等（吕川和刘德敏，2021）。

根据 2000—2002 年中华人民共和国自然资源部"新一轮全国地下水资源评价"成果，全国地下水环境质量"南方优于北方，山区优于平原，深层优于浅层"，地下水污染的趋势为：由点状、条带状向面上扩散，由浅层向深层渗透，由城市向周边蔓延。南方地区大部分水质较好，地下水环境质量变化趋势以保持相对稳定为主，污染主要发生在城市及其周边地区，部分平原地区的浅层地下水污染严重。北方地区地下水环境质量变化趋势以下降为主，华北地区地下水环境质量呈进一步恶化的趋势；西北地区地下水环境质量总体保持稳定，局部有所恶化，特别是大中城市及其周边地区、农业开发区地下水污染不断加重，主要超标项目为总溶解固体（TDS）、总硬度、硝酸盐、氯化物和氟化物等；东北地区地下水环境质量以下降为主，地下水污染从城市向周围蔓延。北方地区的丘陵山区及山前平原地区水质较好，中部平原地区水质较差，滨海地区水质最差。《全国城市饮用水安全保障规划（2006—2020 年）》数据显示，全国近 20%的城市集中式地下水水源水质劣于Ⅲ类。部分地下水存在污染来源多样、污染组分复杂、污染范围大、污染物质量浓度高等复杂污染问题，且污染物逐渐由浅层向深层地下水转移（谢浩等，2021）。

城市化、工业活动和农业等人类活动对地下水构成了重大威胁（Zhang Q et al.，2022）。在城市发展过程中，废水进入土壤后会污染城市地下水，导致城市地下水中的放射性物质超标，进而破坏水质。城市地下水污染途径主要体现在两个方面，分别为地下水过度开采和污染物过度排放（张譞，2021）。我国东部地区工业发展较快，工业废水排放加剧了地下水污染（丁嘉琰，2020）。北方城市水资源污染较为严重，特别是大中型城市，从污染情况来看，不仅污染的物质众多，而且往往会出现超标现象（张譞，2021）。部分城市饮用水水源水质超标因子除常规化学指标外，甚至出现了致癌、致畸、致突变的污染指标。

在沿海地区，人为过度开采地下淡水或不合理开发沿海滩涂，导致了地下水水位持续降低，陆地淡水与海洋咸水水位差异导致海水入侵、倒灌，导致土壤盐碱化、地下水矿化度增高等问题。海水中存在与陆地淡水较大差异的成分，一些有害物质随即进入陆地，污染地下水资源（严琼，2021）。由于人口快速增长和工

业扩张等密集的人为活动,沿海地区的重金属污染也日益受到关注(Luo M et al.,
2022)。

近年来,由于我国农村经济发展速度加快,大量的农村地下水资源被开采,
工业及农业等人类活动也引起了农村地下水的污染。部分农村地区地表水中存在
有毒、有害污染物,这些污染物随地表水渗入地下后造成了地下水的污染。农村
污水处理设施不完善、生活垃圾处置率不高、畜禽养殖场数量较多、农药和化肥
使用强度较高等因素都加剧了农村地区地下水的污染(骆坤,2022)。

地下水污染涉及不同类型的水污染,包括重金属污染、有机物污染以及无机
盐污染等。重金属导致的环境污染问题是目前我国面临的严重的环境问题之一,
重金属污染主要来自农药、污水灌溉、工业废渣、大气沉降以及地质背景本身高
重金属元素等。其中,锰、铁、铝是我国地下水主要的重金属污染超标指标(中华
人民共和国生态环境部,2018)。我国很多地区地下水中都存在较为严重的锰污染,
特别是我国工业发达的城市和矿产资源型城市,如广东地区,华北地区的衡水市
和沧州市,长三角地区东南区域的杭州市、宁波市、嘉兴市和温州市,长株潭地
区和洞庭湖流域,湖北的襄樊市和武汉市等工业城市,珠三角城市群及粤西湛江
和茂名等地区,西南地区的六盘水市、德阳市和南宁市、柳州市和桂林市及其邻
近的区域(刘学鹏等,2021)。

工业废水、农业废水和生活污水的直接排放会导致水体发生有机污染。有学
者对我国 69 个城市地下水有机污染展开调查,结果显示有机污染组分检出率为
48.42%,超标组分多为卤代烃;常见的地下水有机污染物还包括甲苯、二甲苯、
多环芳烃等苯系物(高存荣和王俊桃,2011)。地下水有机污染在我国东北重工业
地区及油田开发区十分普遍,石油类已成为松嫩平原及辽河平原的主要污染物(彭
丽杰和王继华,2009)。中国地质调查局对华北平原、长三角地区、珠三角地区和
黄淮海平原等经济发达地区的地下水有机污染进行了长期调查,主要城市及近郊
地区地下水中普遍检测出有毒微量有机污染指标,部分区域检测到了持久性有机
物污染物(POPs)(黄文建等,2021)。

硝酸盐、亚硝酸盐、硫酸盐、磷酸盐和氟化物是水体中常见的无机盐污染。
污水排放、固体废物淋滤液、采掘业、农业生产是导致这类无机污染物进入地下
水体的主要原因(位振亚等,2018)。目前,我国北方城市地下水污染硝酸盐超标
情况较为严重,华北平原地下水硝酸盐污染是多年持续关注的重点研究内容之一。

江西、山东、辽宁、河南、宁夏、河北、新疆、重庆等省（区、市）浅层地下水都有不同程度的硫酸盐超标情况，工矿企业废水下渗是这些地区硫酸盐含量超标的主要原因（黄文建等，2021）。受水文地质条件影响，地下水中氟污染也比较常见，除上海市，其余各省（区、市）均有不同范围的高氟水地区。氟中毒高风险地区主要位于新疆、西藏、青海、四川等西部省份，以及内蒙古、河北和山东等北部省份（黄承武，1989）。

总体来说，我国地下水污染现状不容乐观，其主要特点表现为：

①污染程度不断严重，全国约有 90%的城市地下水已经遭受各类污染；

②污染面积不断增加，由局部点状污染转向区域面状污染；

③污染区域不断深入，由城市波及乡村，由东部波及西部；

④污染物种类不断增加，由无机物转向有机物，且复合型污染较为典型。充分了解我国地下水污染现状及特点，有助于加快治理现有的污染，预防可能发生的污染，有利于我国地下水污染的高效治理。

1.2 环境地球物理发展现况

我国从 20 世纪 50 年代起开始进行了一些环境调查研究工作，1973 年我国把环境保护作为基本国策之一，第三次全国环境保护会议提出加强生态环境保护是当务之急。因此，必须加强环境保护的科学技术研究工作。环境地球物理是探测地下污染源及其污染介质分布范围的新型学科，其在污染场地调查中涉及多个交叉学科领域，被应用于环境污染的监测、生态环境变化预测、环境治理措施的效果检查等方面。我国的环境地球物理学于 1989 年被提出，研究起步相对较晚，但是具有其他环境分支学科不可替代的优势（张立敏，1989；叶腾飞等，2009）。

环境和条件发生的变化（如污染、破碎、挤压等），会产生相应的地球物理效应或引起物性条件的变化，从而导致各种地球物理场的变化，为利用环境地球物理技术方法认识、研究和解决相关问题创造了条件。环境地球物理相较于传统污染调查手段，其优点有：①速度快、效率高、成本低；②施工简便且适用范围广；③信息量大而丰富；④基本可做到无损检测（李学军和陈惠云，2009）。

目前，电法勘探已成为环境污染调查、监测、治理和管理中一种有效和应用广泛的地球物理方法，包括自然电位法、电阻率法、激发极化法、电磁法、探地雷达法、跨孔和井间电磁波 CT 技术等，主要应用于城市和工业固体废料填埋场污染调查和监测、地下水污染、海水入侵和土地盐碱化的调查，此外，还包括大坝渗漏、溶洞、冻土层、地下管道泄漏等环境地质问题调查。同时，污染物的介入可能会改变介质的磁化率和磁化强度，产生磁异常，磁法便通过测定这些异常和分析岩层中磁性层的分布，推测出地质构造的分布，间接查出污染体的分布。地震法、重力法也可分别用于调查构造、岩层界面、地下空洞、地下沟槽、矿井和管线等。

对污染物（源）与其周围介质进行调查，是利用其在物理性质上的差异，借助专用设备测量其物理场的分布状态，结合地质、水文等相关资料，推断地下污染的空间分布，以达到对污染场地调查的目的。目前，环境地球物理研究领域主要集中在土壤和地下水污染探测、地下固体填埋物的圈定、液体和固体废料处理场地的选址、土壤盐碱化调查、环境监测等方面（崔霖沛，1993）。土壤和地下水的污染已严重影响人类的生存和发展，亟须找到快速的监测方法，迅速查清污染源的分布，对环境进行保护。

土壤和地下水污染场地主要分为无机物污染场地、有机物污染场地、垃圾填埋场地等。对无机物污染场地进行调查，可应用高密度电阻率技术（ERT）圈定硫酸废液渗入土壤的范围和污染土壤的体积（董路等，2008），利用高密度电阻率法可对地下水硝酸盐的污染与展布情况进行调查（胡开友，2021）；也有学者利用高密度电阻率法、探地雷达法、激发极化法或综合物探法等，综合分析推测出了场地中重金属的污染状况，如铬污染（刘豪睿，2010；陆晓春，2013；聂慧君，2018；柯瑞，2020）和锌污染（刘文辉等，2022）。

对于地下水有机污染调查，适用的方法包括电阻率法、探地雷达法、电磁法、单孔物探测井法、电磁波孔间 CT 成像法和钻孔雷达测井法等。张辉等（2015）提出，在加油站污染场地调查过程中，较佳的方式是同时使用多种地球物理方法进行探测，如探地雷达法和高密度电阻率法联用。连晟等（2012）应用探地雷达法和高密度电阻率法，在冀中平原中部某典型石油烃类污染场地进行探测，圈定出了此污染场地内储油池区域的污染扩散晕；刘雪松等（2011）采用高密度电阻率法和探地雷达法两种手段，调查土壤和地下水中含有高浓度单环芳烃和卤代烃污染的场地，概略确定了污染源周围的污染广度与深度，然后采用坑探与钻探的方法修正了物理探测结果，提高了物理探测识别污染的可靠性。

环境地球物理探测技术在地下填埋物的探测方面也具有优势。目前，已有许多学者将环境地球物理探测技术应用于垃圾填埋场中。例如，防渗膜完整性调查与渗漏点、垃圾填埋物的分布和方量调查，以及垃圾渗滤液的分布调查等。程业勋等（2007）采用高密度电阻率法、瞬变电磁法、探地雷达法和地温法在北京市两个垃圾填埋场检测垃圾渗漏液的扩散范围和扩散深度，发现存在渗滤液污染土壤和地下水的情况。也有学者利用磁法，如磁力仪探测，对磁异常区进行开挖指导（朱义仁等，2000；李远强和李祥强，2002）。

近年来，有许多研究开始利用环境地球物理探测技术来动态监测污染情况、污染修复过程和修复效果等，如利用电法系统多次检测，可实现对垃圾场试验液体渗漏的动态监测（李学山等，2018）；利用高密度电阻率法监测原位修复过程中的修复药剂灌注后地下电性差异及变化特征，推断修复药剂在地下的传输分布情形和反应情况（舒成等，2017；姜勇等，2020；和丽萍等，2022）。

由此可见，对于区域性环境调查及地下渗漏污染的监测，环境地球物理方法是解决此类问题最适用、最得力的工具。它不仅可以研究大区域、长周期的物性变化，而且在研究局部、近期的实用性环境问题方面，如快速查清地下隐伏构造或污染体的特征等，有其突出的优势。我国在用地球物理方法探测资源方面做了大量的工作，但在探测环境状况方面所做的工作较少。环境问题是一个十分复杂的问题，必须借助自然科学和社会科学各个学科的力量进行研究才能取得成效，发展环境地球物理便是客观的需要。

第 2 章　土壤及地下水污染场地特性与调查技术

2.1　污染物质特性

根据目前生态环境部颁布的关于土壤及地下水污染管制标准、监测标准及与土壤相关的标准，需要进行管制的土壤污染物项目可分为重金属、有机化合物（农药、其他有机化合物）；地下水管制污染物则分为单环芳香族碳氢化合物、多环芳香族碳氢化合物、氯化碳氢化合物、农药、重金属、一般项目（硝酸盐氮、亚硝酸盐氮、氟盐）、其他污染物（甲基第三丁基醚、总石油碳氢化合物、氰化物）等类别。另外，由于近年来食品安全及人体健康议题受到重视，对于人体健康及生态环境具有风险性的新兴污染物，目前也正由生态环境部门着手研议当中，例如，存在于各种环境介质（水体、土壤及空气）中的各式环境荷尔蒙内分泌干扰物质（EDCs）（如二噁英、有机氯杀虫剂、邻苯二甲酸酯、壬基酚等）、药物及个人保健用品（PPCPs）（如抗生素、类固醇、抗菌消毒剂、清洁剂等）以及释放于环境中的各种纳米物质（如纳米银、纳米碳管、二氧化钛纳米颗粒等），乃至军事火炸药等。

整体而言，将上述目前已经颁布的污染物项目，根据其物理、化学特性，大致分为无机污染物与有机污染物，其中无机污染物包括重金属、盐类（如氯盐、硝酸盐、亚硝酸盐、硫酸盐、磷酸盐及过氯酸盐等）；有机污染物则包含上述单环芳香族碳氢化合物、多环芳香族碳氢化合物、氯化碳氢化合物等挥发性有机物（VOCs）及半挥发性有机物（SVOCs）（如农药）或其他有机化合物等。

各类型工厂可能含有不同类型的土壤及地下水管制化合物，一旦泄漏均会造成土壤及地下水污染，污染物若具有可溶解性、可移动性，将进入地表并溶解在地下水中形成污染羽（plume），污染范围会随着地下水迁移而扩大。因此，在对土壤及地下水污染场地进行调查时，需掌握各种污染物质特性，以提高污染调查的成效，特别是有机污染物种类当中的含氯有机物，其所造成的地下水污染将更难解决。

针对无机污染物、有机污染物，以及含氯有机污染物的相关特性，分别说明如下。

2.1.1 无机污染物

由于土壤颗粒表面带负电，具有阳离子交换能力，当重金属污染源来自地表时，重金属阳离子因受土壤吸附，导致污染深度较浅，一般污染深度以地表下 0～30 cm 的土壤层为主，即以土壤未饱和层表土或里土的污染为主。但少数重金属具有氧阴离子（oxyanion）的形式（如 AsO_3^{3-}），其传输深度较深，当深及地下含水层便造成地下水污染。此外，地下式废水坑、贮存槽或地下管线的废水、废液泄漏均有可能污染地下水。

一般含重金属的废水或废液进入含水层后，会受土壤吸附而使污染羽范围多集中在污染源附近，或已形成的污染羽受土壤吸附而逐渐缩小，下游受体遭受风险的可能较小，因此监测井的规划位置多以潜在污染源区附近为主（监测深度可先以浅层为主）。但重金属铬会因土壤的氧化还原电位改变而以不同形式的氧化数形态存在，其在土壤中可能存在的氧化数形态为三价铬与六价铬。三价铬以难溶性的矿物形态存在，其必须在极酸的情况下才可能被溶解出来；土壤溶液中的六价铬为阴离子形式，包括铬酸根（CrO_4^{2-}）、铬酸氢根（$HCrO_4^-$）或重铬酸根（$Cr_2O_7^{2-}$）等（土壤污染学，1995）。六价铬在大范围的 pH 情况下均为可溶性，在土壤及地下水中具有高度的移动性而对环境造成威胁（Palmer C D and Puls R W，1994）。

一般情况下，污染至含水层的无机盐类多容易随地下水流迁移而扩大污染。例如，硝酸盐的来源可能是农业施肥（氮肥被土壤中的硝化菌转化成硝态氮而入渗含水层）、生活污水、化粪池污水等含氮物质。

2.1.2 有机污染物

土壤及地下水中常见的有机污染物以非水相液体（Nonaqueous Phase Liquid，NAPL）为主，NAPL 与水不相混，微溶于水，有挥发性，具高致癌性。比水轻者称为轻质非水相液体（LNAPL），如汽油、柴油及工业常用的不含卤素溶剂等；比水重者则称为重质非水相液体（DNAPL），如四氯乙烯、三氯乙烯等含氯碳氢化合物。LNAPL 与 DNAPL 在地下环境中的分布不同。

（1）轻质非水相液体有机污染物

LNAPL 移动通过未饱和层时，部分会挥发成土壤孔隙气体，形成"蒸汽相"，污染未饱和层土壤；另一部分则溶于土壤水分中，污染土壤孔隙水。未溶解、未挥发的部分则受毛细作用与重力影响，以液态纯相在土壤空隙中移动。在移动的路径上，LNAPL 会因毛细作用而部分滞留在土壤空隙中形成液滴状的"残留量"。残留量一旦形成则不受周遭地下水流影响而移动，因此又被称为"不可移动相"。而克服毛细作用继续受重力影响往下移动的 LNAPL 到达毛细带（capillary fringe）顶部时，由于毛细带内的土壤孔隙大多被水分占据，必须先克服毛细带土壤的进入压（entry pressure）阈值，才能进入毛细带。

若 LNAPL 持续入渗则其厚度会增厚，毛细带内的水会被推挤出以致地下水位向上抬升，毛细带会逐渐减少直至消失，最后地下水位面之上即为可随地下水流迁移的 LNAPL 游移相（free product）。残留量与 LNAPL 游移相均会溶解于地下水中成为溶解相污染团，污染团与 LNAPL 游移相均会随地下水流移动。

（2）重质非水相液体有机污染物

DNAPL 比水重，当其到达地下水位面后会穿透地下水位面而进入含水层，并受重力影响往下移动。DNAPL 在未饱和层中同样会因挥发作用而形成蒸汽相污染团，在地下水中则溶解形成溶解相污染团。当 DNAPL 在含水层中自粗颗粒或较高渗透性地层中移动至细颗粒或较低渗透性地层中时，往往无法克服细颗粒的进入压而堆积其上形成薄层或 DNAPL 池（DNAPL pool）。例如，Schwille F（1988）利用二维砂箱观察细砂层上的三氯乙烯 DNAPL 池，发现其长度与厚度的比例超过 100，即含氯有机溶剂的 DNAPL 池较倾向于形成薄薄的一层（有时可能仅几厘米），不易界定造成的污染源区。Wiedemeier T H 等（1999）指出几乎所有受含氯有机溶剂污染的场地都会有 DNAPL 持续污染地下水的现象，但很少有场地在监测井中发现 DNAPL（图 2-1）。

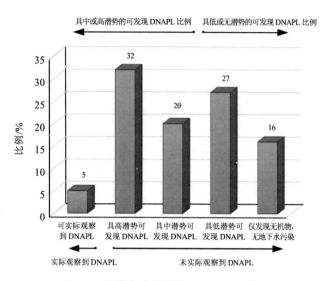

图 2-1 可能存在或不存在 DNAPL 的比例

　　液态相的 DNAPL 移动分布深受地质变化的影响，却未必受地下水流影响。一般低渗透性地层或水力传导系数（K 值）较低的地层可阻隔地下水与 DNAPL 的移动或入渗，但 DNAPL（特别是低黏滞度的含氯有机溶剂）可能会渗入岩盘裂隙或黏土裂隙。进入裂隙（特别是平面状的裂隙）的 DNAPL 由于存在较大的表面积，当其与裂隙周围低浓度的黏土或粉土接触时，DNAPL 可在几年之内溶解而扩散进入黏土或粉土中，形成持久性污染（溶质），进一步由扩散作用再污染周围较高渗透性的地层。一般地层夹层或互层与周围地层的渗透性（K 值）差距达到 2 个数量级以上时，该夹层或互层可视为低渗透性地层或地下水停滞区。而低渗透性地层土壤颗粒的表面积可能会比高渗透性层高出几个数量级，经年累月下很可能积累大量污染溶质，且低渗透性地层越厚，其积累的污染溶质将越多，所需的整治时间将难以估计（Keely J F, 1989）。低渗透性地层的污染传输仅能依赖缓慢的扩散作用，其释放的浓度虽远低于纯相 DNAPL 且随时间会降低（可能仍超出管制标准），但持续扩散的时间与 DNAPL 溶解时间差异不大。Grathwohl P（2001）利用数学模式计算含氯有机溶剂的溶质自低渗透性地层持续扩散（具有风险的浓度）至高渗透性层的时间可能超过 10 年。因此，低渗透性地层的界定与周围水质趋势的分析成为污染调查的重点。

2.1.3　含氯有机污染物

　　含氯有机溶剂属于 DNAPL，是地下含水层中相当棘手的污染物。含氯挥发性溶剂多具有高密度、低黏滞度（低于水），且具有较高的溶解度与亨利常数，因此，含氯有机污染物在地表下的移动性甚佳，同时有利于溶解在含水层中形成污染团或挥发于未饱和层中形成蒸汽相污染。

　　含氯有机溶剂的密度大部分为 1 100～1 600 kg/m³（比水重），黏滞度为 0.57～1 mPa·s（比水低），其结构使其在地表下的移动十分容易。而多数含氯有机溶剂相关化合物（特别是具有挥发性）的饱和溶解度不低（150～8 700 mg/L），不易受土壤吸附，溶质脱附时间大多数少于 1 年（Grathwohl P，2001），相对于石油碳氢化合物来说，其受微生物降解的作用也较小，容易造成污染团往下游迁移并扩大污染。图 2-2 为美国石油协会（American Petroleum Institute，API）搜集的超过 180 个遭受不同污染物（如苯系物、含氯烯类、盐水等）污染所产生污染团的平均分布范围，可发现含氯烯类（如四氯乙烯、三氯乙烯）的污染团纵向长度超过 300 m，横向长度超过 150 m，远大于其他污染物，而含氯烷类与苯系物污染分别易受水解作用与生物作用，其污染羽形状相对较小。

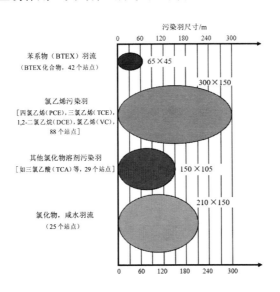

图 2-2　各种污染物的污染团平均分布范围

数据来源：摘自 API，1989。

有时含氯烯类污染团纵向长度甚至可达上千米。就大尺度而言，污染团分布和流动受 DNAPL 分布、地下水流径、流速及水文地质边界等影响；就较小尺度而言，污染浓度分布则深受地质变化影响。因此，NAPL 地下水污染调查（尤其是 DNAPL）与调查方法的改善，经常需要在含水层中进行多深度调查，界定实际污染的深度。

2.2 土壤及地下水污染场地类型

2.2.1 农田重金属污染

农用地污染大多属于土壤重金属污染。在经济发展初期，区域排水系统未完善，部分农田灌溉渠道由于工业废水排入而造成污染，部分农用地因长期引用受污染的灌溉水源，致使农田土壤及食用农作物的重金属含量过高，对人体健康构成潜在的威胁。农用地污染主要由灌溉水引起，因此污染分布大多以各农田丘块入水口为高浓度污染区，大致有随灌溉丘块向下游递减的趋势。此外，若有零星点状高浓度区，则可能是由于引入高浓度污染的沟渠底泥，其随机遍布农田各处所造成的。

除部分因突发意外的油管破裂，使油品流入农田造成油品污染，或者因极端不当施肥、喷洒农药等造成的极少数农药污染外，绝大部分农田污染以土壤重金属污染为主，造成农田土壤重金属污染的主要原因是不慎引灌工厂废水。大部分工厂废水中都含有重金属，长期引灌会造成土壤重金属富集和污染。

2.2.2 加油站及大型储油槽污染场地

本类型场地主要存在于发生油品泄漏的加油站，产生原因主要有操作管理或设备装置不当（如加油过程的疏忽导致油品泄漏到地面、加油机未装设盛油盘、清洗作业时将含有油渍或油花的积水直接倒入排水沟内）、卸油过程中发生泄漏及溢满情形、地下油槽及管线腐蚀泄漏、因长期承受重压及振荡而导致油管接头脱落与油品泄漏、因地震等天然灾害造成油槽晃动倾斜及管线断裂脱落导致泄漏等。

在加油站及大型储油槽场地当中，土壤污染项目以总石油碳氢化合物（TPH）

最为普遍，苯、甲苯、乙苯次之；地下水污染项目则以苯最常见。此外，过去也曾发生过加油站在进行油槽管线清洗时，使用含氯有机溶剂作为清洗剂，而造成少数加油站或地下储槽场地地下水被含氯有机物污染的案例。

2.2.3　工厂污染场地

生态环境部目前针对工厂类型进行不同标准的类型调查，包含工业园区内运作中的高污染潜势工厂、运作中含氯有机溶剂生产工厂、运作中含铅生产工厂，以及针对全国高污染潜势废弃工厂进行相关调查作业。早期的工厂类型污染可能是环境保护观念不强、污染物和废弃物处置不当导致的，而近期的工厂污染多是人为疏忽、操作不当或设备年久失修导致的。

国内使用含氯有机溶剂的工厂遍及各类行业，如金属制品、塑料制品、化学制品、化学材料、电子及光学制品、机械设备等，主要集中在工厂生产区、废弃物（水）处理区、管线（沟）沿线区域等，其造成的污染多以地下水污染为主。美国超级基金场地常见的含氯有机溶剂场地多与电子、电子制造业、金属加工业有关。金属在清洗及脱脂、溶剂装卸、储桶储存搬运、地下储槽储存等过程最容易发生泄漏（Wiedemeier T H et al.，1999），若工业区内存在多处此类型工厂，则可能造成高度复杂的地下水污染问题。

若此类型场地因荒置弃管多年，各类型高污染潜势区的污染物从重金属到挥发性有机物均可能存在，且地貌发生诸多改变而欠缺明显表征，加上数据搜集困难、土地产权复杂等问题，其场地污染调查十分困难。

2.2.4　非法垃圾填埋场地

目前国内有不少没有资质的公司或者个人，将废弃物弃置山谷、河床等人迹罕至的地区，造成数以百计的不明非法垃圾填埋场地。

为了在有限资源内处理此类型场地，生态环境部利用危害等级评定系统（Hazardous Ranking System，HRS），配合国内现况进行场地危害等级评估，将这些非法弃置场地所衍生的危害转换成一致性的风险评量，根据场地危害性将其分为甲、乙、丙、丁四级，为后续场地清理优先级提供依据。其中，甲级场地因具有立即危害性，已由地方生态环境部门依法要求土地所有人、管理人或使用人陆续完成废弃物清理等相关工作，并持续监测地下水受到污染的情况。

丙级、丁级场地以农地开挖回填、山谷弃置、河床弃置、平地弃置及鱼池回填为主，其他则包含部分县（市）掩埋场及垃圾转运站等。就弃置形态而言，以农地开挖回填最多，其次为山谷弃置，这类场地由各级生态环境部门持续办理定期监控。

2.3 目前调查方法的"瓶颈"

2.3.1 调查"瓶颈"

在对不同类型场地进行调查时，必须根据场地类型与特性，使用不同污染潜势区分析的思考逻辑，规划不同的调查策略。例如，在进行废弃工厂调查时，由于土地及工厂发展历史的重建较为不易（生产设施已拆除，生产运作原料、产品统计不明，多无当时从业人员可进行访谈），污染潜势区的分析较为困难，但该类型土地多已闲置，原则上可调查任何疑似的污染潜势区。而运作中的工厂虽没有资料无从获取的困扰（工厂配置、生产图件数据等私密资料可能无法提供），但其现场勘查作业会受到厂房或设施等的限制，对重要关系人或从业人员的访谈也可能会被婉拒或消极配合。此外，工厂运作区的更新或翻修会导致实际污染潜势区位置无从考证，也难以获得厂方开诚布公的信息，进场实际调查区域很可能较原先规划区域有相当程度的落差。

对油品或含氯溶剂污染场地进行调查时，由于土壤的各向异性采集到纯相的概率很低。因此一般情况下，当土壤中的 NAPL 含量超过土壤重量的 1%时，即可直接判断出该区域可能存在 NAPL 纯相；或经由土壤样品浓度与相关土壤物化性质，或地下水浓度与其变化趋势间接判断出采样点附近是否存在 NAPL。目前已经发展多种搭配直接灌入机具的侦测设备（如 MIP 或 HaloProbe）来间接调查NAPL 的存在与否，特别适用于高挥发性的汽油类或含氯烯类或烷类的调查；也有利用直接灌入机具搭配充胀式衬管的地下污染侦测技术（FLUTeTM）来分析是否存在 NAPL 纯相的。但当调查场地面积宽广，可能的污染潜势区分布复杂，或调查区域仅能沿潜在泄漏工厂或污染潜势区的周围或下游时，传统的直接灌入机具调查实属不易。

由于传统调查多属于侵入性调查作业，一般的钻孔采样（含土壤气体与土壤采样）或设置水质监测井采集地下水样，所得到的成果均属于"点"的污染情形，要界定污染源区范围必须通过更为密集的采样。而一般土壤采样除非钻到浮油层或残留含量甚高的土样，否则很难以目视直接判断是否有油相或重金属等污染物存在。Nyer E K（1999）指出，若使用 5~7 cm 的采样器调查 0.4 hm² 的地区，调查深度为 30 m 左右，在未知漏源处欲寻获 DNAPL 污染源，恐怕如同在干草堆中寻找一根细针。传统的钻孔采样或监测井采样调查的优点是直接获取证据，缺点是经费支出庞大（特别是大范围的调查），且可能因地质变化复杂造成采样漏失。

2.3.2　新兴调查方法

传统调查方法中，最客观的是由水质分析来间接寻找污染源（Bedient P B et al.，1999）。例如，含氯烯类或汽油类中苯、甲苯、乙苯及二甲苯等多具较高挥发性、较高溶解度，容易形成较大范围的蒸汽相与污染团，进行土壤气体采样或地下水调查相对容易。一般非胶结性土壤会因土壤粒径的分布不一、孔隙率的变化、土壤胶结程度不同以及土层厚度的改变等，造成水力传导系数或相关水力性质呈现空间变化，即含水层会随空间产生异质性变化。另外，Eileen P 和 David R G（1990）指出 K 值差距一个数量级，对地下水头未必有很大的影响，但对局部地下水流向或污染流布的影响却很大。低 K 值的粉土或黏土夹层会造成污染团在纵向（沿水流方向）的流布距离缩短，横向（垂直水流方向）的流布变宽，甚至于夹层两侧呈现分流，且高浓度区多受阻于低 K 值层而汇集于较上游的范围；砾石或中粗砂的高 K 值夹层则造成污染团较为细长，且成为污染团的有利流径。一般土壤蒸汽或污染团多沿着高渗透性层或有利传输的优先流径（如互层间隙或回填层）流布，如地下管线区周围多回填渗透性好的砾石或砂层，有利于污染汇集（Fetter C W，1999）。

综上所述，借助非侵入性的地球物理方法探测地下潜在污染物的地质条件与污染范围具有明显优势。除探测过程对环境几乎无任何影响外，其最大优点是探测范围大（含水平与深度范围）、速度快、准确性高，同时勘探费用相较于传统钻探或钻井采样低，可大幅节省经费与时间。地球物理方法除了在经费与时间上可大幅降低，还可进行更为密集的勘探，特别是针对渗漏源区与污染源区分布的精细调查。采用传统方式调查时，要清楚描绘三维分布或泄漏区位置，如果土壤采样点不加密，采样漏失的可能性将会增加。物理探测对于污染场地污染改善过程的成效评估、污染场地下游边界大范围的地下环境监测等，比传统的点状调查监测数据方式有效率。

地球物理探测技术众多，分析方法不胜枚举，但地球物理探测技术本身的操作或已发展的分析方法并非其门槛。地球物理方法并不能完全取代直接式的钻探取样，其成果仅作为定性分析，其最大的挑战在于能否通过地球物理探测获取大范围的面积和空间数据，搭配少数钻探点查证确认，有效厘清与正确解读所测勘的综合信息，使地下环境调查成果更为完备，此工作需依赖地球物理专业背景，以及污染场地调查经验丰富的专业人士相互配合，才可达到事半功倍的效果。

2.4 场地调查及评估技术介绍

2.4.1 高分辨率场地调查

高分辨率场地调查（High-Resolution Site Characterization，HRSC）是近年来美国国家环境保护局建立场地概念模型（Conceptual Site Model，CSM）时所提出的调查概念，其定义为利用适当的采样密度或调查技术了解污染物在环境中的分布位置、传输途径与终点，以提供更快速或更有效率的场地整治方案。所谓适当的采样密度，其原则包括：

①缩小每个样品的取样量，以避免大体积样品的平均结果掩盖细部变化信息；

②适当小的垂直向采样间距；

③适当小的水平向钻孔间距；

④在污染物传输方向的垂直截面上，设置适当的钻孔与采样点。

高分辨率场地调查相较于传统（以往）的调查方法，最显著的特征是其具有较密的采样布点，密集的数据点可以大幅降低结果的不确定性，更能明确掌握污染物的暴露途径、污染物宿命与污染物质量分布，甚至有助于定位污染泄漏位置，厘清污染责任主体。

虽然高分辨率场地调查有如此多的好处，但是大量的测量数据通常意味着较高的调查成本，因此，具有实用性的高分辨率场地调查必须包含两部分，一是选用适当的工具，也就是高分辨率的调查工具；二是辅以传统的系统调查方式。

举例来说，要用 10 个不同深度的污染物浓度来构建某一定点垂直向的污染分布，可以使用传统方法钻井，也可以使用多深度采样，前者要钻 10 个井孔，而后者仅需 1 个井孔，由于钻井所需费用昂贵，后者（属高解析调查工具）显然较前者（传统调查工具）更具经济效益。换言之，虽然传统调查工具只要增加调查点位与数量，就可以得到高分辨率的数据点，但其费用较高，并不是所阐述的适当工具或高分辨率调查工具。本次所阐述的高分辨率场地调查技术主要是指采用地球物理方法及 XRF、MIP 等技术手段进行调查，其可以快速且低成本地圈定污染的分布范围、深度，并了解暴露途径等。

2.4.2　应用地球物理方法在土壤及地下水污染调查中如何做到高效高分辨率

2016 年《土壤污染防治行动计划》（以下简称"土十条"）颁布，其明确指出在 2020 年前要真正摸清土壤污染底数，获得地块尺度的土壤污染数据。"土十条"要求探明土壤污染成因，了解重点行业企业土壤污染状况，获取权威、统一、高精度的土壤环境调查数据，同时开展土壤环境质量监测网建设。

随着环境科学和地球物理学的发展，地球物理学在环境科学中的应用领域不断扩展，利用地球物理学方法研究场地物质的物理或化学特性，已被广泛应用于污染场地调查、环境污染的监测、生态环境变化预测等工作上。

（1）污染场地环境地球物理方法应用的前提

地质体在环境发生变化时会产生相应的地球物理效应，引起污染场地中的地下水和土壤化学性质与物理特征的变化，而地球物理方法就是通过观测这些物理场，达到污染场地调查的目的。

污染废弃物在集中堆放区会通过物理、化学和生物作用产生大量的渗滤液，液体中含有丰富的各种离子，离子浓度越大，地下水导电性就越强，因而可选用电阻率法进行探测；工业生产过程中燃烧产生的飞灰含大量的 Fe_3O_4，其磁化率是黄土、黏土、湖底污染沉积物的几十倍，因而可用高精度磁法进行探测。

（2）如何利用环境地球物理方法调查污染场地

传统场地调查技术多采用按一定分布比例直接钻探取样分析的方法得出污染情况，该方法仅对点或线上的情况进行分析，覆盖面不广。

使用地球物理方法调查需要在取样前收集和确定污染源情况，选定合适的地球物理方法，然后进行地表测量以确定污染水平区域及其深度范围，最后结合取样分析结果，分析研究测区整个地下空间。

（3）相对传统网格取样，环境地球物理探测技术的优势和角色

①测深深度大，精度高，全覆盖测量。

传统的土壤及地下水污染调查覆盖面不广，设计的取样点位针对性不强、成本高，且会造成无用样品的浪费。而且该方法仅对点或线上的情况进行分析，调查结果准确性低、耗时长，容易遗漏因污染扩散造成的深层土壤和地下水的污染，很难利用调查数据分析污染场地的迁移规律。

采用地球物理探测技术探测能对研究区整个空间的三维覆盖进行研究，测深深度大、精度高，能定性地圈定场地的污染区域。

②无损，非破坏性，适用于各种场地测量。

在土壤及地下水污染监测中，可以从地面遥测地下介质特征的三维变化，无须大量的钻井或探槽。除具有与其他环境监测方法同样的应用领域外，该方法在海上、南北极地区等环境研究中更具有独特的优势。地球物理探测技术具有非破坏性、经济、快速的优点，适用于运作中的工厂、堤坝、核废料库等不能钻井取样的情况下的环境调查。

③圈定场地污染区域，划分地层结构，判断地下水深度及流向。

在土壤及地下水污染监测中，根据污染物与其周围介质在物理、化学性质上的差异，借助专业的仪器测量其污染物理场的分布状态。通过分析和研究物理场的变化规律，结合地质、水文等有关资料，推测判断地下一定深度范围内污染物的分布特征。一方面可监测覆盖层构造特征、地下水深度及流向、地下水污染通道性质、污染水渗透率等；另一方面又可以动态监测污染物的速度和范围。

（4）场地调查工作的重要性

场地调查是场地修复成功与否的关键，场地调查与风险评估结论的准确性直接决定了污染场地的整治成效。

场地调查工作的目标是确定场地是否被污染以及污染程度和范围，为场地的管理和污染场地的修复提供理论依据。对于需要开展修复的场地，其修复范围和介质是以场地调查结果为依据，构建场地污染概念模型，场地调查结果的准确性、规范性和科学性直接影响后期修复工程的实施和修复效果，因此，场地调查工作是至关重要的。另外，为了科学合理地管控风险，避免过度修复，还需要开展多层次的风险评估。

（5）精细化调查手段

传统调查手段仅能获取有限的环境数据，但实际工作中需要深入地刻画场地污染情况，因此需要精细化调查手段。在实践工作中，地球物理探测技术可采用"感应电磁法+高密度电阻率物理探测"等方法辅助传统调查过程，该方法可以使污染分布呈现三维可视化，这不仅节省时间与成本，还能全方位地了解场地——类似于 X 光片辅助医生判断人体健康状况。

污染场地整治成果的查验一般是以采样分析作为准则，当场地污染问题复杂，监测井数量不足无法有效评估全场地现况，或者所设井位未能覆盖主要的整治区或污染区时，则必须设置新井，这样就大大提高了成本。

而采用地球物理探测技术，则可有效地圈定场地的污染区域，划分场地的地层结构并判断场地的地下水深度及流向。同时，地球物理探测技术探测深度大、精度高，将为企业节约项目经费。

若将地球物理探测技术应用于判断污染场地修复效果及进展，并配合全自动监测平台，不仅能时时监测土壤的 pH、盐分、酸度等参数，更能监测土壤的电导率、电阻率变化，使企业时时掌握土壤修复进程，避免二次污染，并提供有效的解决方案。

在进行场地调查与修复时，完整的场地评估能够为决策者提供有关地下环境中污染物存在与否的证据及其分布状况，进而提升后续整治规划的技术效能与经济效益。相反，如果一项场地调查评估工作数据不完整，可以提供的信息可能不正确或具有误导性，会导致整治工作延迟或效能不彰，以致整治经费大幅增加。然而必须强调的是，所谓"完整的场地调查"并不容易定义，因为场地调查所能提供的数据与所需求的信息总是存在落差，导致在场地评估阶段，必须取得大量信息来分析决定污染物的位置与分布，以及后续将采取的整治策略。

近年来，参考国内外的经验，我们整体认识到传统的场地调查技术费用偏高。而目前也发展了很多逐渐成熟的场地评估工具，因此所谓快速场地评估的作业程序俨然成形。近年来，快速场地评估技术已经被整合成一套完整调查系统，目的在于利用最少的资源来获得最大效益，达到高分辨率的调查。

2.5　环境地球物理方法技术介绍

采用地球物理探测技术探测被检测物体来获得不同物理量，再由不同问题所反映的物理量变化间接获得工程问题的解答，近几年这个方法已逐渐应用于环境污染场地的调查中。目前，国内污染场地调查常见的地球物理探测技术包含探地雷达法（Ground-Penetrating Radar Method，GPR）、高密度电阻率法（Electrical Resistivity Tomography，ERT）、感应电磁法（Electromagnetic Method，EM）、井内探测法（well logging）及薄膜界面探测法等。

其中，探地雷达法主要是依据污染物质本身或其造成的土壤导电性变化，分辨出污染区域范围；高密度电阻率法主要依据地层的电阻率来区分地层，根据组成的矿物、颗粒大小、位态、含水量及含盐度不同来区分地层及地下构造；感应电磁法依据地层导电程度的差异来区分地下地层；井内探测法是地表地球物理探测法在井孔内的延伸，近年来井内探测法逐渐被应用于较深层污染团的调查，并辅助描绘地质构造。

2.5.1 探地雷达法

探地雷达法是利用高频电磁波（主频为数十兆赫至数百兆赫以至千兆赫）以宽频带短脉冲形式，由地面通过发射天线 T 送入地下（图 2-3），经地下地层或目的体反射后返回地面，为地面接收天线 R 所接收。地下介质往往具有不同的物理特性，如介质的介电性、导电性及导磁性差异，因而其对电磁波具有不同的波阻抗，进入地下的电磁波在穿过地下各地层或其他目标体时，由于界面两侧的波阻抗不同，电磁波在介质的界面上会发生反射和折射。反射回地面的电磁波脉冲，其传播路径、电磁波场强度与波形将随所通过介质的电性质及几何形态而变化。根据所接收的雷达波波形、强度、相位及几何形态进行分析，可以对目标体进行探测。

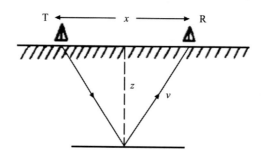

图 2-3 反射探测原理

脉冲波行程需时 t 为

$$t = \sqrt{4z^2 + x^2} / v$$

z 为反射目标深度。当地下介质中的波速 v 为已知时，可根据测到的精确的 t 值（ns，1 ns=10^{-9}s）由上式求出反射体的深度 z（m）。式中 x（m）值在剖面探测中是固定的；v 值（m/ns）可以用宽角方式直接测量，也可以根据 $v = c / \sqrt{\varepsilon}$ 近似算出，其中 c 为光速（$c = 0.3$ m/ns），ε 为地下介质的相对介电常数值，后者可利用现成数据或测定获得。

图 2-4 为对应目标的波形记录示意图。图上对照一个简单的地质模型，画出了波形的记录。在波形记录图上各测点均以测线的铅垂方向记录波形，构成雷达剖面。与反射地震剖面类似，雷达剖面也同样存在反射波的偏移与绕射波的归位问题，因而雷达图像也需要做偏移处理。

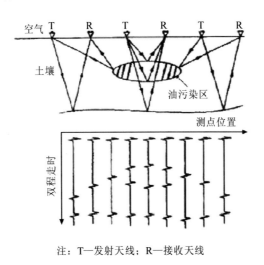

注：T—发射天线；R—接收天线

图 2-4　雷达波形记录示意图

2.5.2　电阻率法

电阻率法或称为直流电阻法，是以介质电阻率差异为基础，观测供电电流强度并测量电极之间的电位差，进而计算和研究视电阻率，推断地下可能污染土壤的分布。所测得的结果即地电阻率剖面。影响地层电阻率的因子有组成矿物、颗粒大小、组态以及地层的含水量与水中所含物质。当地层有明显的电阻率差异时，就适合采用直流电阻法（图 2-5）。

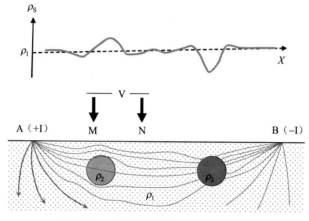

图 2-5　电阻率法原理（$\rho_2 > \rho_1 > \rho_3$）

　　高密度电阻率法是由电阻率法发展而来的，且是目前应用最广泛的一种电法勘查方法，其基本理论与传统的电阻率法完全相同。不同的是，高密度电阻率法在观测中设置了较高密度的测点，现场测量时，只需将全部电极布置在一定间隔的测点上，由主机自动控制供电电极和接收电极的变化。高密度电阻率法测量系统采用先进的自动控制理论和大规模集成电路，使用的电极数量多，而且电极之间可自由组合，这样就可以提取更多的地电信息，使电法勘探能像地震勘探一样使用多次覆盖的测量方式（图 2-6）。

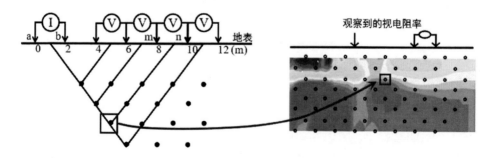

图 2-6　高密度电阻率法原理

高密度电阻率法具有以下优点：

①电极布设一次性完成，减少了因电极设置引起的干扰和由此带来的测量误差；

②能有效地进行多种电极排列方式的扫描测量，因而可以获得较为丰富的地电断面结构特征的地质信息；

③野外数据采集实现了自动化或半自动化，不仅采集速度快，而且避免了手工操作所出现的错误；

④可以实现资料的现场实时处理和脱机处理，大大提高了电法的智能化程度。

2.5.3　感应电磁法

感应电磁法简称 EM 法，是应用电磁感应原理探测地层。勘测时，在地表将发射线圈通以可变频率的交流电（通常为声频范围），产生随时间而变动的原生磁场。由于地层电导率的差异，依据楞次定律，此原生磁场会在地层内产生时变的涡电流，其电流密度的大小取决于各地层的电阻率。如果地下介质不均匀，则在覆盖层、围岩及局部的导体上产生感应的次生磁场。在地表用接收线圈收录次生磁场强度，可以借此了解地下地层导电性分布情形，进而推测地层的电性构造及异常体。其物理量单位常以 mS/m 表示（图 2-7）。

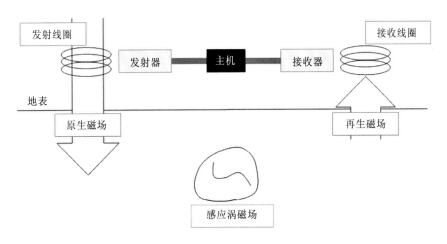

图 2-7　感应电磁法探测原理

应用感应电磁法可了解污染场地大范围地表下电性的分布，对于污染场地调查特别有效，有助于初步筛查场地中的污染区域，有利于后续地球物理探测方法测线布置或钻探采样位置的选定，可作为污染初勘的快速有效工具（图2-8）。

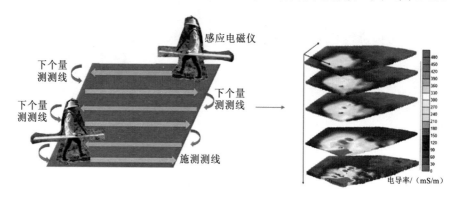

图 2-8　感应电磁法探测方式

2.5.4　薄膜界面探测法

薄膜界面探测法（MIP）是一种直接贯入的破坏方式，可以快速地获取场地的各种相关资讯，包括地质条件、土壤及地下水污染分布情形等，可搭配现场分析技术，快速了解产地概略性污染分布。

其分析原理主要是将嵌入不锈钢钻头表面的半透膜加热到 100～120℃，此时土壤或地下水中的挥发性有机物经过半透膜进入密闭室，并由载流气体将污染物带至地表的探测器进行分析定量。MIP 可以提供场地深度对比的污染物质量分数，最主要的特点是伴随着直接贯入过程可进行连续的记录和分析，故通过适当的布点设计，可以清楚地描绘出场地的三维污染浓度分布（图2-9）。

MIP 的主要组成包括薄膜界面钻头、载流气体管线、密闭室、加热系统、半透膜及末端所连接的分析仪器等。此外，为便于在探测地下环境污染物浓度时能同时评估土壤物理特性，目前也有将土壤孔隙水电导率量测系统（Electrical Conductivity Measuring System，EC）整合在一起的特殊钻头。

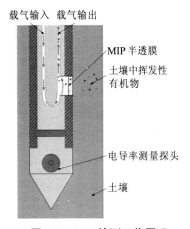

载气输入　载气输出

MIP 半透膜

土壤中挥发性
有机物

电导率测量探头

土壤

图 2-9　MIP 检测工作原理

2.5.5　便携式 X 射线荧光分析仪

便携式 X 射线荧光分析仪（XRF）的原理是利用 X 光束照射，激发土壤中重金属原子，当原子自激发态回到基态时，探测所释放出来的荧光，经由分光仪分析其能量与强度后，可提供土壤中重金属元素种类与含量，其具有快速、非接触、非破坏性及多元素分析等特点。其工作理论可采用电子轨域图来说明，主量子数 $n=1$ 的轨域称为 K 壳，即最内层电子轨迹，此层轨域的电子称 K 电子；主量子数 $n=2$ 的轨域称为 L 壳，此层轨域的电子称 L 电子；主量子数 $n=3$ 的轨域称为 M 壳，此层轨域的电子称为 M 电子。当一个高能的放射线进入原子的最内壳层，视能量的大小激发出 K 电子或 L 电子，接着 L 电子或 M 电子则转移填补被激出电子的空位并放出 K 荧光 X 射线或 L 荧光 X 射线。

土壤样品经 X 射线照射后产生能量光谱，如图 2-10 所示，能量光谱经 XRF 内部探测器接收后（图 2-11），即依其能量大小判断重金属浓度高低，将转换信号值（浓度值）显示于 XRF 仪表中。XRF 将重金属探测值与实际值进行比对，对大部分重金属的探测均能得到良好的线性关系。

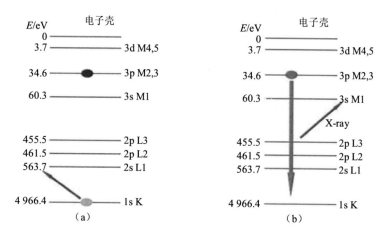

图 2-10 原子能阶与 X 射线产生

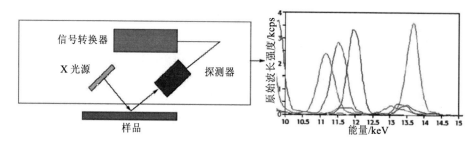

图 2-11 XRF 分析仪原理

2.6 污染调查技术规划

2.6.1 调查规划阐述

高分辨率场地调查的特征是具有较密集的采样布点，通过密集的调查点位可以大幅降低调查结果的不确定性。但是，密集的调查点位通常需要较高的调查成本，故在调查时需要系统性规划、动态调整调查手段及使用现场快速检测技术等，才能同时兼顾成本及分辨率。

系统性规划是在进行调查前需要做的准备工作，应尽可能地搜集场地相关信息，以建立初步场地概念模型，设立明确的调查目标且拟定其调查策略，以有效率的方式取得可靠的数据。

动态调整调查手段是指在现场作业时，依据现场做出的新的调查结果，实时调整调查规划。相较于传统调查，动态调整调查强调的是调查工作的规划尽可能地建立在足够多的信息上，包括现场刚完成的局部调查工作结果，都应该参考。

要做到实时决定，需要在现场或者当天就可以得到检测结果。因此，运用现场快速调查技术是关键所在，包括地球物理探测技术、实时成像技术、现场分析技术等，以下着重介绍现场快速调查技术。

2.6.2　利用地球物理探测方法进行快速调查

由于地球物理探测方法是通过物理量的差异来判断污染异常，故在进行污染调查前选择合适的调查方式是十分必要的，各方法应用介绍如下。

①电阻率法适用于各种污染的调查，可获得十分丰富的成果。对污染区进行调查时，可先利用仪器测量污染源的电阻率；然后应确立污染场地标准地层电阻率，选定离污染区最近、未受污染地区建立标准电性地层剖面图。一般而言，电阻率法探测要求污染物与地层电性差异较大时才能使用，但若污染源与原本地层的电性差异不大，应辅以其他地球物理探测方法。

②探地雷达法与反射震测法的地球物理探测技术颇为相似，具有高分辨率且探测迅速的优点，被广泛应用于冰冻层研究、地下管线探测、地层描绘及污染调查等。其测深效果取决于天线频率与地质材料的导电性，其对浅地层的分辨率较高，尤其对具强反射率的 NAPL 有显著的成效。探地雷达法适用于各种污染的调查，地质材料与污染所造成的介电常数差异性越大，其对调查帮助越大。但如果污染源与原本地层的电性介电常数差异不大，应辅以其他地球物理探测方法进行探测。

③感应电磁法主要依据地层导电程度差异来区分地下地层，已被广泛应用于有机物污染团、重金属污染、断层及海水入侵等各种污染的调查，探测成果也十分丰富。但若污染源与原本地层的电性电导率差异不大，应辅以其他地球物理探测方法，同时，探测时应避免高压线、铁塔、管线及铁丝围篱等的影响，测线选定需尽量避开电性干扰物，否则测量值容易受到干扰。

④采用 MIP 探测。MIP 可提供水平面上固定点位的垂向污染分布情形。通常

MIP 会搭配直接贯入方式,逐步由浅至深向含水层深处做垂向连续式探测。其后端连接的探测器包括电子捕获检测器(ECD)、火焰离子侦测器(FID)、干电解导电感应侦测器(DELCD)等,可提供采样点不同深度土壤及地下的水污染情况。

MIP 若连接光离子侦测器或 FID 等,可快速探测地下浅层污染物浓度分布及其迁移路径,以及确认比水重的非水相液体所在位置或深度。不同的探测器具有特定的探测物质,例如,PID 适用于烯烃、芳香族碳氢化合物;FID 适用于烷烃、烯烃、芳香族碳氢化合物;ECD 适用于含氯碳氢污染物的定性分析。MIP 也可探测未受压密实的土层状况,但不适用于沼泽湿地、陡坡等不易安置仪器设备进行操作的地面或坚硬的大砾石土层、岩盘及硬质黏土等不易贯穿的地质类型。MIP 的探测结果为波峰,峰值须经过换算后方可得到质量分数,其测量值在 1 mg/kg 以上较为准确。

⑤采用 XRF 探测。XRF 可作为现场快速评估重金属含量的手段,目前多采用便携式 X 射线荧光分析仪。这项技术是非破坏性的元素定性和定量分析技术,相对于一般实验室分析仪器,便携式设备比较轻巧、便于携带、购置成本较低、分析程序短、操作简单,可用于现场样品筛测等。该技术作为初步判断以及送检样品的预选工具,对现场重金属污染程度的判定有实质性的帮助。

采用 XRF 可以帮助工程师现场快速地判断地球物理方式测量的有效性,以实现现场半定量测量。

2.6.3 高密度电阻率在线监测

(1)在线监测系统介绍

传统方式监测注射药剂扩散以及修复效果的过程包括采取水样、实验室送检、排样、测样等步骤。其周期较长,而且进行固定点的采样监测存在诸多限制,包括信息单点化以及取样方式导致的深度信息不确定性等。采用在线监测可以在药剂灌注期间以及药剂反应期间进行持续在线的监测,并通过对比监测地块灌注药剂前后电阻率的变化,来推断药剂的扩散渗流流径、扩散速率及范围。

跨孔高密度电阻率法在线监测的原理与传统高密度电法原理类似,都是通过电极向大地注入电流。不同之处在于,传统高密度电阻率法是在地表进行放电和数据采集,而跨孔高密度电阻率法是在地下井内进行放电和数据采集。图 2-12 是在孔内通过电极向大地注入电流时的等势场图。从图 2-12 中可以看出，跨孔形式的电流线流向是 360°的，由于电极能够被放到目标深度的位置，在比较深的地方也能够有密集的电流线。这说明跨孔高密度电阻率法能够在深度上提供更好的分辨率。

　　同时，针对监测的场景，主要采用时序反算法来捕捉电流随时间的变化。该方法的优势在于能够直接将数据的变化作为反演的目标函数，在反演过程中直接考虑电性数据的变化而不是通过反演单次量测的结果再进行简单的相减。特别是对于差异较小的变化，时序反算法具有更高的分辨率。

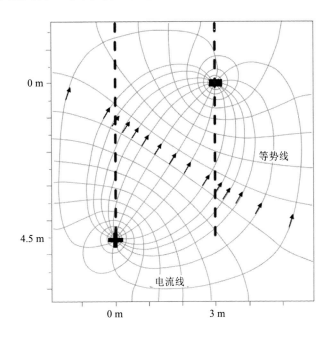

图 2-12　孔中电极放电场

（2）在线监测应用

　　在线监测系统主要是对地下环境实时在线监测，系统将传感器提供的地表信息与含有地层信息的视电阻率数据综合起来，通过长时间连续观测并进行时移（time-lapse）分析，能够观察到地下环境的演变，在污染调查修复过程中，其主要可解决以下问题。

①针对未饱和层修复。

在未饱和层修复中，主要采用土壤气相抽提法（SVE）。该过程采用时移监测可了解 SVE 在气提过程中气流的分布变化，可协助业主了解气提的影响半径，掌握气提主要传输途径（或区域）与难以传输的区域。另外，如果对未饱和层进行过挖掘，也可以比对挖掘前后的电性变化。

②针对未饱和层与地下水层高风险区修复。

可透过时移监测评估双相的回收成效（同 SVE 系统的评估），这同样可协助业主了解抽取的影响半径。

③针对地下水层修复过程。

采用地球物理探测法时移监测可以协助探测优势流区域及化学氧化法（ISCO）执行期间芬顿试剂的分布与芬顿试剂的影响半径，抽水循环系统的水流分布情形等。

另外，若修复采用化学氧化法，长期执行 ISCO 后，芬顿试剂与亚铁结合后会产生大量金属铁化合物，可能会阻塞原有的传输途径，地球物理探测方法也可探测可能出现的传输屏障区。

④修复完成后的评估。

采用时移监测手段也可在系统停止操作后，按时序分析地层的电性变化，掌握空间—时间的修复成效，若搭配传统钻孔点的监测成果校验，可探测一些传输屏障区或修复不佳区，协助业主提早发现问题。

（3）修复后的风险管控

在修复完成之后或在低风险区域，可针对场区设置长期监测预警系统，评估场地长期电性变化，以了解是否可能再次出现污染或污染的暴露途径，达到风险管控的目的并为业主提供紧急应变的参考。

地球物理探测方法实施的风险管控的方式，是在场地的地下水上、中、下游或场地四周布设长期的电阻率监测系统来进行时移监测，以探测场区的电性变化情况，了解是否有污染进入场地或扩散至周边。

风险管控的在线监测主要采用"井—地—井"的布设模式，特别是 ERT 测线可沿着污染羽主要分布的区域，掌握污染团中心线的可能分布与成效。

第3章 环境地球物理探测技术适用范围和信息采集流程与数据解译

　　浅层环境地球物理探测技术通常需要具备高分辨率、破坏性小、影响性低、施测快速与价格经济等优势。国际期刊 *Near Surface Geophysics* 统计了近十年发表的文章，最常应用的 3 种方法分别是探地雷达法、高密度电阻率法与感应电磁法。由此可见，这 3 种技术在浅层环境的调查与应用上受到国际地球物理学者们的认同。所以，本书以探地雷达法、高密度电阻率法与感应电磁法 3 种方法进行环境污染调查信息采集流程与数据解译说明。

3.1 适用范围与限制

3.1.1 探地雷达法适用范围与限制

　　探地雷达法主要的适用范围包括地层探测、地下管线位置探测、地下储槽位置探测、浅层废弃物掩埋厚度及分布探测、地下槽体渗漏探测、污染潜势区探测、浅层 DNAPL/LNAPL 污染探测、重金属污染探测以及废炉渣回填层厚度探测等。

　　探地雷达法不适用于高低起伏过大的环境施测，若遭遇厚层地坪或钢筋网铺面，其探测深度将严重受限，深部地层数据响应较弱，需选择低频天线频率（100 MHz 以下）。针对超高压电缆线勘查或是有阴极腐蚀处理的油管，可能无明显绕射信号，可搭配管线探测器联合勘查施测。天线频率决定探测深度，而探测深度与分辨率不能兼得（随着探测深度加深分辨率可能较差），可依探测目标深度选用合适频率。探测深度也容易受到黏土与地下水的影响。非屏蔽型天线不适用于市区探测，但可以采用同中点勘查，计算地层速度。

3.1.2　高密度电阻率法适用范围与限制

高密度电阻率法适用范围包括水文地质探测、大型地下结构物探测、地下槽体渗漏探测、废弃物掩埋厚度及分布探测、污染潜势与污染范围调查、土壤与地下水修复成效评估等。

高密度电阻率法使用注意事项与限制：①测线切勿完全平行布设于任何地下管线或结构物的正上方；②地表若有明显高程差，必须对各电极进行高程测量；③测线间距影响剖面深度数据；④需特别注意场地建筑物等空间限制；⑤电极棒须穿透厚层地坪（视需要选择 0.4～1 m 长度电极棒）或避开钢筋网。高密度电阻率法施工前需进行背景环境地质与污染物特性调查，厘清可能的干扰，现场施工可在同一测线安排不同电极排列与解析方法交叉佐证，以获取最佳拟合剖面与最具说服力的证据。

3.1.3　感应电磁法适用范围与限制

感应电磁法适用于快速摸底调查，如不明掩埋物、浮油分布、土壤重金属分布、建筑废弃物掩埋、金属类掩埋物分布、大范围调查初筛调查等，可以快速得到地层电导率分布，提供后续调查的参考。

感应电磁法不适用于钢筋网铺面或是附近金属结构干扰的环境，建议使用两种以上线圈频率，最佳为 3 种以上。施工时建议天线方向一致，以消除相位干扰问题。感应电磁法使用范围很广，适用于水、陆、空 3 个区域。定位非常重要，建议使用 RTK 以上精度的测量工具，或是使用现场打桩网格调查法。使用单一频率的 EM 探测结果只有 X—Y 二维平面等值图，建议搭配其他技术获取深度数据。数据分辨率完全取决于现场网格大小、步行速度或是载具速度，建议速度在 4 km/h 以下，速度越快因施工时间需要减少，分辨率与数据质量就越差。

3.1.4　其他

对于 MIP 和 XRF，在此分别介绍其适用范围与限制。

薄膜界面探测器可实时提供 VOCs 三维半定量污染信息，从而快速初步确定污染物的总浓度（半定量）和空间分布，可作为高分辨实时筛选工具。

MIP 技术的局限性主要包括：①MIP 系统为 VOCs 实时筛选工具，使用 ECD、FID 等检测时不能具体区分单项污染物，仍需常规取样定性和定量分析各项污染物的准确浓度。②检测限取决于检测器的选择性，以及地层特性（如黏土和有机碳含量）等因素。由于 MIP 检测限较高（如以甲苯计，苯系物浓度约为 200 μg/L；以三氯乙烯计，卤代烃类浓度约为 100 μg/L），其主要用于高浓度污染区域的调查。通过改进探头载气控制方式等措施，可降低其检测限。③由于 MIP 测量的是气态、吸附态和溶解态污染物的总和，另外受土壤类型、污染物不均匀分布等因素影响，MIP 检测数据和土壤、地下水样品分析结果之间的相关性存在差异。现场土地的污染金属成分、污染模式、污染边界的迅速调查与测量可使用 XRF 分析仪检测，其分析速度快，几秒钟就可显示分析结果。

XRF 分析仪受仪器本身限制与环境等诸多因素影响，通常只能对样品进行半定量的评估。由于不同类型土壤的基质差异大、元素种类繁多、基质效应明显，待测元素检测的准确度会受到影响。

3.2 探地雷达探测技术

3.2.1 信息采集操作规程

探地雷达法需要针对探测目标与目的进行现有相关资料收集，以确定测线规划、天线频率等采集参数。基本资料包括但不限于以下几点：

①探测区域地形资料（地形图、航拍图）；

②以往历史报告（地质报告、环评报告、物探报告等）；

③目前已知管线分布图；

④其他各种相关资料（水文地质图、地下水调查报告、水文调查报告）；

⑤为了辅助判断资料的准确性，现场环境必须如实记录，翔实记录测线上所有可能的干扰源（管线、结构物等），并拍摄多张不同角度的照片，需要完成探地雷达现场记录表格。

为了提高工作效率，探地雷达测量必须进行仔细的测线规划，在安全和效率第一的原则下，主要步骤如下：

①实施作业前需要进行安全培训和项目安排，操作员需要了解作业流程；

②进行测线规划和测量并做好记录；

③测量开始前需要进行波形检测，检查是否有干扰以及仪器性能是否正常；

④如果使用量程计进行连续测量，需要对量程计进行校准后方可测量；

⑤仪器操作人员确认仪器正常后，示意天线操作员开始移动天线，进行测量，仪器操作员时刻检测数据质量，并记录干扰源。

现场注意事项如下：

①原则上测线需要垂直于探测目标。

②建议采用"井"字形测线布置，可以较完整地获取地下三维空间信息。

③不建议在地形起伏剧烈的环境下使用探地雷达，如果遇到地形起伏剧烈的环境建议选择其他方法。

④测线应该远离高压电力设施、铁轨、大型围栏等大型金属结构设施。如无法避免，应远离干扰物 5 m 以上，且尽量垂直穿越干扰物。干扰处数据无法处理，使用资料时需要剔除。

⑤高压电力线管线本身会产生电磁波，遮盖有效信号，该处数据无法处理，使用资料时需要剔除。

⑥运作中工厂或者是加油站中的钢筋硬化路面，由于金属会吸收电磁波能量，降低探测深度，因此，需要使用低频天线（100 MHz 以下），利用其波长较长的特性穿过金属网，克服探测深度浅的问题。若无法避免，使用资料时则需要注意。

⑦探地雷达采样率各个品牌不尽相同，建议测量移动速度在 4 km/h 以下或者采用点测模式。

3.2.2　数据解译

探地雷达的设备操作通过基本培训相对容易上手，但其在成果辨识上相当困难。探地雷达的电磁波在地下介质中的传播方式遵循波动方程，通过记录地下介质的反射波来探测地下介质的分布，只要地下介质中存在电性差异，即可在雷达探测成果剖面中找到相对应的反射波位，但仍不时发生从业人员误判管线或者探测深度不足的情况。可通过正确的工作流程与质量控制降低操作不当或天线频率选择错误等问题发生的可能性。此外，成果图中不同的波形及反射代表了地下结构的多种可能性。在成果图中，常见判断成果主要有砾石分布、地下管线、地下结构物、掩埋物、地层发生疏松、岩性变化、地下水位面、发生泄漏、污染信号、地下遗址、坝体淘空、孔洞、含水量变化等。

判断异常需注意以下情况：

①测线铺设需保持直线，不可任意偏移雷达测线位置，测量时如搬移雷达位置，将造成地层反射不连续的情况，需翔实记录测线位置。

②探地雷达最常出现的问题是使用错误的天线频率来探测过深或过浅的待测物。在地层电导率高的环境下，电磁波能量衰减很快，所以不能依照使用手册上建议的深度进行施工，必须根据现场地质与地下水位等信息选择最佳天线频率，设定正确的时间窗口，以达到事半功倍的效果。

③目前商用探地雷达设备已经将野外工作参数模块化，期望使用者可以在各种不同情境中进行野外探测工作。探地雷达在野外施工中应将目标物大致描绘出来，之后才能利用实验室数据处理更加凸显目标物。通常容易误判数据是由于初置波选择错误，从而造成深度误判，以及移位处理中使用了错误的电磁波波速导致噪声变大而压抑原有正确信号。

地球物理探测技术成果的优劣取决于现场数据质量的好坏。现场资料收集的工作绝不是放任仪器自行采集数据，必须有专业人员随时留意资料的读值，发现异常必须立刻处理，才能获得较好的数据质量。现场仪器操作人员对现场数据接收与检核分析都应具有丰富的经验，且熟悉仪器操作，遇到不同状况要能在最短时间内排除疑难；同时在现场数据收集与后续数据处理两道关卡中进行把关，对有疑问的数据必须重新施测。

土壤与地下水污染主要关心两种污染物：LNAPL 与 DNAPL。LNAPL 皆具有低介电常数的特性，而 DNAPL 具有高反射系数。笔者根据多年调查经验，制作出表 3-1 与表 3-2（探地雷达污染信号与管线信号），以供现场调查人员参考。

探地雷达数据采集流程见图 3-1。

表 3-1　探地雷达污染信号

污染	图形信号	污染	图形信号
风化油品类污染出现低介电常数现象	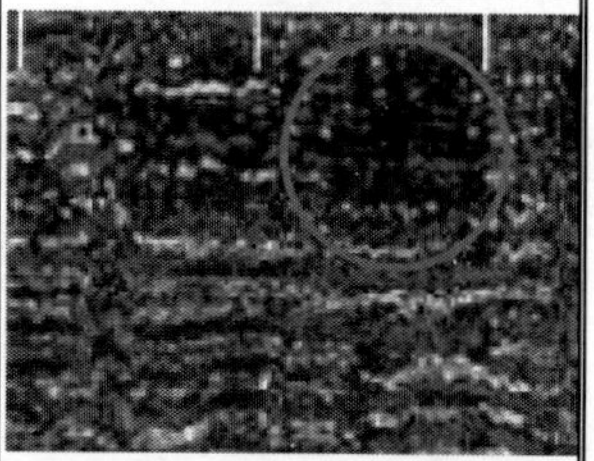	饱和区油品污染出现强反射现象	
油品污染出现阴影现象	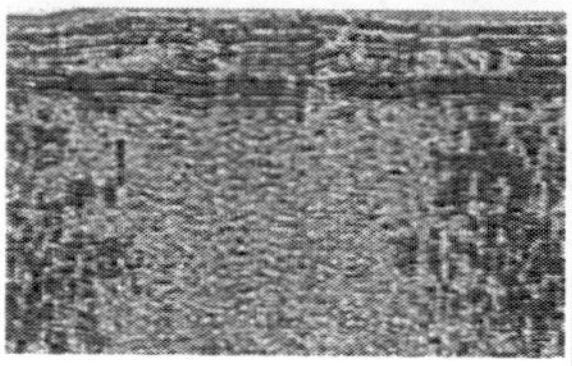	地层裂隙造成污染汇集	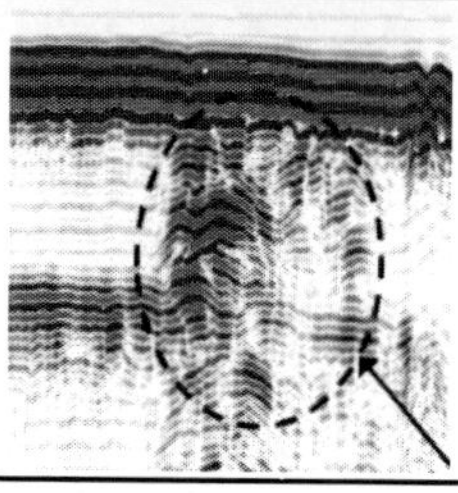

表 3-2　探地雷达管线信号

物件	图形	物件	图形	物件	图形
天然气管	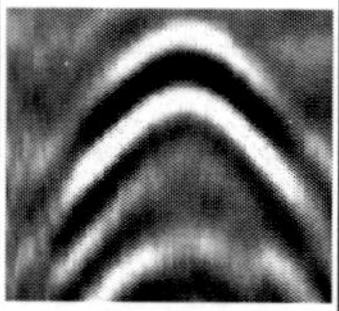	水管	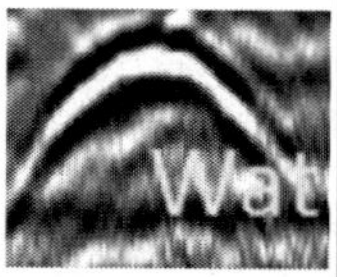	污水管	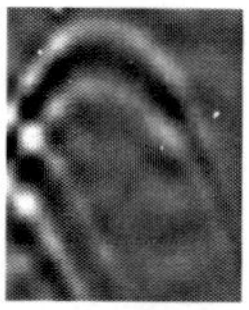
电管	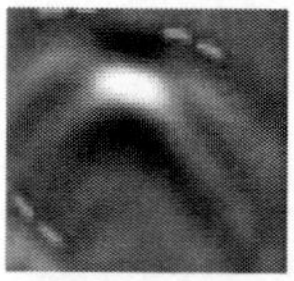	干扰	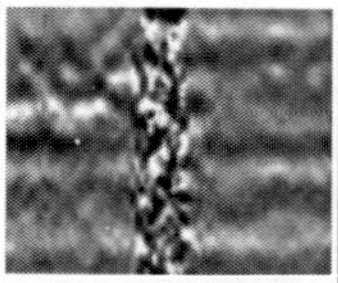	铁管	
钢筋	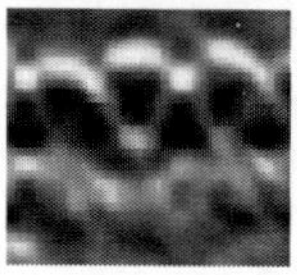	井	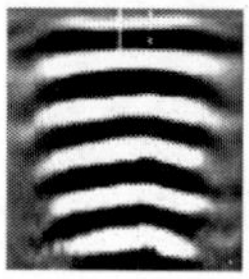	不锈钢管	

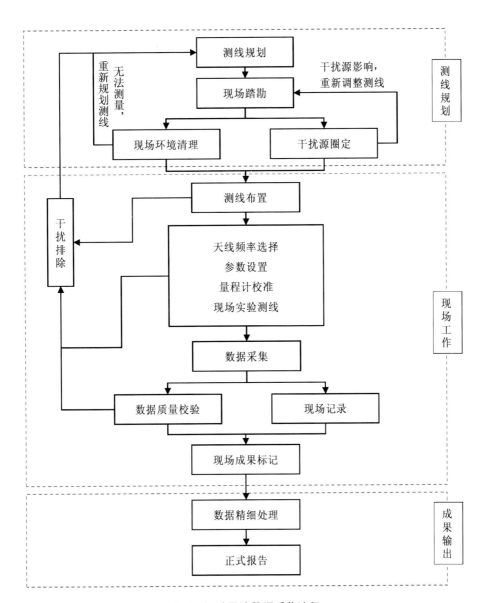

图 3-1　探地雷达数据采集流程

3.3 高密度电阻率法探测技术

3.3.1 信息采集操作规程

高密度电阻率法应用于水文地质调查主要是为了解地层分布、特殊地质构造或边界条件。高密度电阻率法电极间距为 3～5 m（或更宽），针对污染调查时，电极间距则为 1～3 m。现场测量可在同一测线安排不同电极排列（如二极法、三极法、四极法等）与解析方法相互佐证，以便同时获取地质与污染最佳拟合剖面和极具说服力的资料。由于每增加一种电极排列及分析，就会增加探测时间，其成本分析应视调查目的及排列分析而做调整。以同一点距长度来比较，二极法或三极法与四极法相比，其可反映较深的地层，二极法或三极法采集数据的时间也比四极法快，但一般二极法或三极法与四极法相比，其分辨率会较差。所以，二极法或三极法多用于水文地质调查，可以快速掌握地层分布、地下水位及特殊地质构造等。四极法则多用于污染调查，评估地层中是否出现电性异常反应。为了提高调查污染的正确率，建议用四极法搭配二极法或三极法同时探测。四极法目前已发展出数十种排列组合（其排列分析属各公司的专利），各种排列也可以联合反演以获取最佳探测成果。

高密度电阻率法—激发极化法（Induced Polarization，IP）可利用地层的频谱相位数据进一步解译地层的极化现象（与黏土、金属矿物等极化物质含量多少有关），有助于进一步厘清探测剖面中异常区的可能来源。但 IP 法测量时间比传统高密度电阻率法各种排列的收集时间要长许多，其解译上也需专业人士负责。

近年来，跨孔式高密度电阻率法已经开始推广并应用在整治期间或整治后的整治成效评估，如协助评估整治药剂、气体或菌种的传输分布与整体空间的整治成效，可进行不同时间序列的监测，或作为长期地下水管理的评析成果之一，能有效提升监测井的应用效益。

现场初勘是高密度电阻率法探测很重要的环节，虽然探测的测线规划可以由航拍图或场地平面图初步进行设计，但现场真正的设施未必能在卫星图中全部显示，因此，现场踏勘是有必要的。举例而言，大型的电力设备、地下管线、隧道、沟渠等都会影响探测质量，若现场踏勘时发现原本的测线存有严重影响探测质量的设施，就必须修正原定规划测线的位置，也就是说，现场初勘的目的在于了解场地污染历史，并依据现场实际状况规划后续的地球物理探测勘查作业。由于测量的原理属于几何测深，高密度电阻率法探测的测线配置与布设需要足够的长度空间，使测线维持"直线"；而测线的长度决定探测深度，所以在现场测勘时必须在污染潜势、场地空间、现场干扰源、安全与破坏程度最小等因子中取得平衡，决定最后的测线位置。

由于高密度电阻率法并非完全非破坏性的探测方法，施测过程中必须将电极打入地表与地层良好接触，才能顺利通过电极将电流导入地层收集数据，所以先厘清浅层的结构物，如地下管线、不明地下槽体分布，以防止打入电极时造成破坏或出现安全问题，以此降低量测过程中的干扰。

现场调查作业流程和施测流程如图 3-2 所示，说明如下：

①根据现场地形地貌与目标物（目标深度）决定测线长度、测线间距；

②根据目标物的深度与特性决定测量方法与电极排列方式；

③布设各电极位置与测量坐标；

④建立测线执行文件与几何参数并输入至主机中；

⑤测试各电极接地电阻，判断是否在合理范围内；

⑥决定输出电流大小并开始测量；

⑦完成测量，并检查各测点数据完整性，必要时重新测量，确保数据质量；

⑧将量测数据转为反演程序文件并输入分析参数；

⑨反演分析与误差统计，若误差过大则将异常点剔除，重新计算建立电阻率剖面。

1. 决定测线展距与电极间距　　2. 埋设电极　　3. 安装电缆头

4. 地形修正　　5. 加入食盐水加强电导率　　6.测试各电极通电状况

7. 开始施测　　8. 反演处理　　9. 输出成果

图 3-2　高密度电阻率法施测步骤

3.3.2　数据解译

地球物理探测勘查成果质量有70%以上由野外的施测质量决定，因此，现场工作的质控相当重要。仪器操作人员需要具备一定程度的地球物理知识与经验，整个高密度电阻率法的探测必须至少由一位具相关专业背景的人员作为领队，负责操作仪器、审查数据以及排除疑难等工作，若只将地球物理探测工作视为一般简单的例行作业，缺乏专业人员控制质量，那么整体的成效与可信度将大幅降低。在数据采集过程中，仪器操作人员必须随时紧盯回传数据的数值，若是有异常电位信号、断线或通入电流与设定不符的情况，表示测量过程可能受到非自然因素的影响，必须立即进行处置。仪器操作人员必须具备实时发现设备问题或突发性干扰所产生的错误信号的能力，特别是在污染调查的场地，现场的突发因素较多，地球物理探测工作领队的经验与专业性尤其重要。

当现场数据收集完成时，必须立即检查整体数据的质量，分析数据的可用性。现今市面上较常见的两种商业高密度电阻率法反演演算软件为 EarthImager2D/ 3D 与 RES2DINV/RES3DINV。在基础设定操作界面相当简单且不考虑任何演算方法的参数设定下，仪器操作者可以很快地以默认参数进行反演并输出成果，虽然这样的成果未必会与最终的精细数据处理一致，但可分析出电阻率分布剖面的合理性，判断是否有不符合物理现象的电阻率出现，并可由测量值与计算值的均方误差率（RMS）及统计回归的拟合程度来大概估计整体数据资料的可用性，若发现整体数据有明显错误，必须进行问题排除或立即调整测线位置重测数据。

理论上，每一种地下天然物质与污染物质的物理性质都是固定或有一定分布范围的，但当现场状况多且复杂时，多种物质所反映出的综合物理量未必能代表某种特定的污染情况。整个调查过程我们一再强调对污染历史、水文地质与现场勘察等资料了解的重要性，只有收集足够多的资料，才能在探测结果中分析出可疑的异常区，取得有效的污染潜势调查与判识的成果。

高密度电阻率法应用获得成功的污染调查项目，从整体作业规划至数据处理再到解译都是环环相扣的。只有确切执行了每个步骤才能有效达成计划目的。高密度电阻率法污染潜势判识要点以及工作流程（图 3-3）分述如下。

（1）背景资料收集

充分收集具潜势污染场地资料，包含生产环境、污染历史、地质条件、污染物质物性等。了解污染物质电阻率特性能初步分析与背景地质体电性的差异，进而考虑从电性差异的角度分析异常区或从地质颗粒变化的角度分析汇流路径。

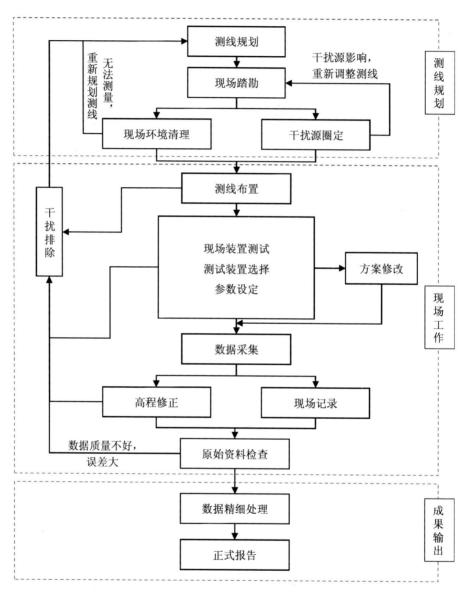

图 3-3 高密度电阻率法数据采集流程

（2）场地现场踏勘

场地现场踏勘最重要的目的是确认高密度电阻率法测量的可行性。更重要的是，必须同时了解场地可疑的污染源位置与泄漏方式，并确认场地可能泄漏出的化学物质种类，分析信号是否有被其他化学物质遮蔽的可能性。

（3）干扰源厘清

施测前必须结合现场踏勘、访谈及其他方法测量结果（如探地雷达、管线探测器），厘清现场存在的人造干扰源位置。当测线距离干扰源太近或跨过干扰源且无法删除数据时，在数据解译时可了解该处的异常应来自人造物，避免错误分析。

（4）成果图件解译

经过良好的现场测量、质量控制及合宜的数据处理，输出测量成果图件。为凸显可疑的异常区，可尝试不同的反演方法与色阶，色阶色彩的调整是图件呈现的重要环节。采用适当的数值间隔与反差强烈的色调，才能输出使人容易看懂的成果图像。

（5）可能发生的误判情形

电阻率剖面可能会因为野外工作不落实、数据质量控制不佳等因素出现一些错误，或因现场干扰源定位漏失、材料信号遮蔽等因素错估污染存在情况。野外施测过程中，一种是电极与地表接触不佳、传导电流不良或现场存在固定的电流干扰（如高压电力设备），使得收集的数据产生错误，这些错误的数据在反演演算的过程中将不易收敛，导致电阻出现极高或极低值，这些数据并非地质体的正确电阻率反映。若在数据采集与处理过程中未发现这种错误，直接分析错误的电阻值（分布）将导致全盘皆错的结果。另一种是废污水渗入地层或海水入侵造成的隐蔽现象。无论是地下结构物、大颗砾石还是废污水等问题，只要探测作业中质量控制得宜，即使在数据解译时未考虑周全，所得到的结果仍将很好地反映出地下地质体电性结构。由此可知，想要减少误判情形，需切实执行探测过程的每个步骤，确保良好的数据质量，并充分收集现场信息，多方思量综合解译，才能做出合理的分析，降低误判的可能性。

3.4　感应电磁探测技术

3.4.1　信息采集操作规程

感应电磁探测技术是采用人力或机械搭载的方式在场地上快速移动，同时高速采集不同频率、不同深度的电导率数据。数据点测量的是当时线圈的正下方特定深度的电导率信息。

该技术是采用来回折返的方式进行测量，搭载高精度 GPS 实现数据点的精准定位。通过数字化地图技术，将电导率等值线平面图与地图、航拍照片等地球物理探测信息套叠，实现对场地不同深度电阻率分布的调查，实现初步电阻率快速分区。

进行小范围场地调查时，可以进行单点测量，点距为 1～3 m，这种测量方式可以实现较为平滑的数据展示。大范围场地调查的时候多采用移动测量模式连续采集，以实现快速调查。

为了提高工作效率，感应电磁探测在安全和效率第一的原则下必须进行仔细的测线规划，主要步骤如下：

①清理场地障碍物和标记无法清理的障碍物；

②设计好测线方向和间距，选择合适的测量频率进行测量，建议先做小范围的实验确定测量频率参数；

③测量员去除身上所有与磁性相关物质，背上设备进行测量；

④测量时注意避免测量面板频繁、大角度地抖动或接近金属物体从而影响数据质量；

⑤原则上与大型金属物体应保持 2 m 以上距离，并做好标记。

由于感应电磁探测技术是通过感应电磁场强度来获取数据，且探测方式为近地表测量，因此现场地表的金属与电信号会干扰数据采集工作，现场可能干扰数据采集的障碍物都需要清理。

感应电磁探测技术的测量速度很快，几乎不需要数据处理便可以在现场快速判断出电导率异常区域，尤其适合浅表面金属结构物和高浓度重金属及污泥类土壤调查。

3.4.2　数据解译

地球物理探测技术的目的是测量地下介质的特定物理量。频率域水平线圈感应电磁探测技术测量的物理量为地层的平均电导率，如果地层为单一材质，则其电导率为固定值。但是由于地层的成分（如砂、粉黏土等）、粒径大小、胶结程度、沉积结构、孔隙率和含水率等存在差异，各种类型的地层介质电导率不一定为固定值，而是有一定的范围。

当污染物侵入地层后，相对均一的地层结构受到扰动，单相地层介质变为多相介质，由于污染物往往与正常介质有着上千倍的电阻率差异，会造成电导率的大幅改变，超过原本的电导率变化区间，所以在实际测试时，这些不合理的"异常"往往与污染问题密切相关。

利用频率域水平线圈感应电磁探测技术在野外测量时会面临各种干扰，包括非目标体地质噪声、天然电磁噪声及人为干扰。非目标体地质噪声主要指地形不平、近地表地质结构不均匀；天然电磁噪声主要指非目标体的天然电磁场；人为干扰主要指民用电、工业用电、金属结构物等。

为了更好地解译，需要对以上干扰进行定性与删除，感应电磁法采集流程见图 3-4。

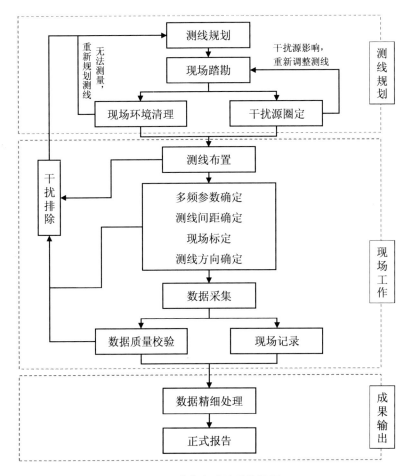

图 3-4 感应电磁法采集流程

①要利用感应电磁探测成果进行解译，就必须了解各种材料的电导率值和地层介质的电阻率分布范围以及污染物的实验室电导率测定结果。

②感应电磁探测技术主要是测量一定深度内地层介质的综合反应，建议采用多频率的测量手段，以获取不同深度的地层介质电导率响应，必要时可以进行反演获取电导率反演剖面。

第4章 环境地球物理探测技术污染调查与应用案例

4.1 各类型调查场地的环境现状与地物调查限制

对运作中的工厂、废弃工厂、加油站、填埋场以及非法弃置场地进行调查或查证，主要目的通常是怀疑存在"疑似或潜在泄漏区"或"污染空间分布"。因此，调查前必须了解场地背景环境状况、污染物的物性及其进入地层后可能产生的化学反应，才能在调查结果中分析出疑似来自污染问题的"异常区"信号及图形。

对于生产中的工厂，调查人员能比较充分地收集该类场地的信息，如生产原料特性等（DNAPL、LNAPL、重金属、酸碱盐类等），掌握污染物的主要物性并依据生产设备与污染历史记录等，初步缩小调查范围。但若工厂老旧或场地已翻新，缺乏正确记录，则调查范围可能不易判定，必须扩大探测区域。而废弃工厂缺乏污染历史数据与生产设备结构改造、搬迁等记录，即使曾留存污染事件的记录，泄漏区位置及深度也未必精确，故潜势区难以确定，一般需对这样的场地范围进行较全面的调查评估。加油站的污染物性质与设备结构最为明确，营运作业简单，且现今多有测漏系统，一般而言，除非因长期忽略未解决的泄漏问题致使油品持续向外移动或扩散，潜势区范围多集中在站内。针对站内的调查，由于现场干扰、空间限制及营运等影响因素，地球物理探测成效也会受到影响，除非可以去除部分地坪，降低噪声。然而这种微破坏与时间的耗费有违应用地球物理探测技术经济、低影响性的精神。因此在加油站内的应用中，克服噪声干扰与探测技术仍有改善与发展的空间。填埋场与非法弃置场地中的废弃物与掩埋物种类最为多变复杂，潜势区范围有时超出预期的广度或深度，虽然主要是土壤污染问题，但衍生的垃圾水或容器损坏泄漏仍可能造成地下水污染。由于污染范围不明确，且物化性质多变，虽可用航拍数据划分出大概区域，但实际调查时，范围必须扩大至信号恢复为环境背景值，才能确认边界范围。由于此类场地的污染物偶会露出地表，调查前可以此为基准，确认异常信号的数值与反应，最佳方式是同时配合清运挖掘分阶段调查，将浅层废弃物移除后再进行第二阶段探测，厘清残存污染物或垃圾水入渗的可能性。

现场环境与设备也可能对地球物理探测调查有所影响，运作中的工厂因厂房和设备的存在，现场干扰源较多并且复杂，同时需考虑施工与调查人员的安全，调查区域易受局限。废弃工厂的调查区域较不受限制，但工厂歇业后遗留的结构常产生预期之外的信号干扰，且因运营资料多不可考证，或场地已转手更新，调查范围较不易决定。加油站多数位于市区，调查空间多属狭小，地面上、下结构与设备密集，数据屏蔽与干扰问题最多，特别是持续营业的加油站，所以需考虑进出车辆所造成的阻碍及衍生的人员安全问题。填埋场与非法弃置场地常位于郊区、溪畔及沿海区域，环境干扰问题较小，但杂林、植被、崎岖地形与泥泞地表可能阻碍地球物理探测调查作业。

工厂稽核或突发性污染事件调查情况较为特殊，主要目的经常是在现场立即快速地探测地下泄漏源或违法设施。由于强调时效性，在面对缺乏充足的背景信息与文献数据时，地球物理探测人员的专业与经验格外重要，特别是配合生态环境部门调查大队或地方生态环境局的调查作业，目的是调查未经许可私设的储槽或排放的暗管，必须于现场立即判断异常潜势区，并开挖验证，查出私埋暗管或箱涵排放废水的不法行为。此类型场地可自工厂周围顺向或自排放口反向追查相连且持续存在的异常信号。各类型场地的调查目的与可能需要考虑的环境现状与限制简单归纳见表4-1～表4-3。

表 4-1　地球物理探测技术应用于各类型污染场地的调查目的与环境限制

场地类型	调查目的	环境现状与限制
运作中的工厂	分析污染潜势区； 建议异常且安全的采样点； 查明地下管线结构物的位置	环境干扰源多； 调查时间受限； 不可影响制程运作
废弃工厂	厘清污染分布； 整治规划设计	缺乏污染历史； 缺乏制程汰换记录； 污染范围与深度难以确定

场地类型	调查目的	环境现状与限制
加油站	厘清疑似泄漏源； 建议异常且安全的采样点	探测空间局限； 地下设施密集； 铺面屏蔽问题
填埋场与非法弃置场地	填埋物分布状态如空间位置、深度及方量等； 探测特定填埋目标物	地形崎岖泥泞； 调查范围未定； 污染物物化性质差异大
稽核场地	调查是否存在非法排放暗管或地下槽体	设施与结构密集； 调查范围未定； 立即判定开挖

表 4-2　地球物理探测技术应用于不同土/水污染指标调查案例的适用性

地球物理探测技术	有机化合物（DNPAL、LNPAL、油品）	重金属	农药	无机化合物（酸碱液、硝酸盐类、氰化物）	其他（戴奥辛、多氯联苯）
高密度电阻率法	●	△	▲	☆	★
探地雷达法	●	△	▲	▲	★
感应电磁法	△	△	/	△	★
跨孔式高密度电阻率法	●	/	/	△	/
孔内探地雷达法	☆	/	/	★	/
反射震测法①	▲	/	/	★	★
折射震测法①	▲	/	/	★	★
井内震测法	/	/	/	/	/
表面波法①	★	★	/	★	★
磁力法②	▲	★	/	/	★
空中磁测法	/	/	/	/	/
重力法	/	/	/	/	/
大地电磁法③	★	/	/	/	/
低频电磁法③	★	/	/	★	/
时间域电磁法③	★	★	/	★	/
微地动法①	★	/	/	/	/
地温法	/	/	/	/	/
自然放射能法	/	/	/	/	/
中子检测法	/	/	/	/	/
单井电性检测	★	/	/	★	/
单井速度检测①	★	/	/	★	/
声波法	/	/	/	/	/

注：●—最适用；☆—适用；△—尚可；▲—某些条件适用；★—较不适用；/—不适用。

①地震类的探测技术主要判断地层界面、裂隙与构造角度，间接推测污染物可能的流向。

②磁法探测多以填埋的金属容器为探测目标。

③大地电磁法的探测技术主要判断地层界面，间接推测污染物可能的聚积深度。

表4-3　地球物理探测技术探测应用于不同污染场地的适用性

地球物理探测技术	运作中的工厂	废弃工厂	加油站	农地	填埋场（包含非法弃置场地）
高密度电阻率法	●	●	☆	△	●
探地雷达法	●	●	●	★	☆
感应电磁法	★	△	/	△	●
跨孔式高密度电阻率法	☆	☆	★	/	/
孔内探地雷达法	☆	☆	☆	/	/
反射震测法[①]	★	★	★	★	★
折射震测法[①]	★	★	★	★	★
井内震测法	/	/	/	/	/
表面波法[①]	▲	★	▲		★
磁力法[②]	/	★	/		△
空中磁测法	/	/	/		/
重力法	/	/	/		/
大地电磁法[③]	/			★	/
低频电磁法[③]	/	★	/	★	★
时间域电磁法[③]	/	★	/	★	★
微地动法[①]	/	/	/	/	★
地温法	/	/	/		/
自然放射能法	/	/	/		/
中子检测法	/	/	/		/
单井电性检测	▲	★	★	/	/
单井速度检测[①]	★	★	★		/
声波法	/	/	/		/

注：●—最适用；☆—适用；△—尚可；▲—某些条件适用；★—较不适用；/—不适用。

①地震类的探测技术主要判断地层界面、裂隙与构造角度，间接推测污染物可能的流向。

②磁法探测多以填埋的金属容器为探测目标。

③大地电磁法的探测技术主要判断地层界面，间接推测污染物可能的聚积深度。

4.2　污染识别说明

近年来，环境污染在经济和环境方面的重要性日益提高。随着测量污染物浓度分析方法的发展，以及人们对环境问题敏感性的提高，研究有毒或有机污染物（如石油烃）对土壤和地下水污染的影响以及修复和解决方案越来越重要。同时，我们需要对地下水和土壤中污染物的存在和扩散进行研究。地球物理方法为某些物理特性提供了非侵入性的高分辨率（空间和时间）监测，这些物理特性可能与被调查目标体的特性相关。作为长期有效的环境监测工具，地球物理方法对污染物的判断和识别十分重要。

多数调查的主要目的是监测受污染场所的污染物自然衰减，而生物降解是控制污染最普遍的手段之一。微生物是负责有机污染物生物降解的主要物质，因此了解其过程非常重要。生物地球物理学是一门新兴学科，它利用近地表地球物理方法实时测量生物地球化学环境（污染羽变化、氧化还原状态的变化和微生物活性等）。多项研究显示了物理性质与微生物活性、副产物之间的关系，如金属颗粒的溶解、沉淀，晶粒粗糙度或电解质离子强度的变化等。将诸如生物电化学系统（BES）和生物地球物理方法之类的先进技术相结合，可以更好地大规模评估生物降解潜力，从而可以进行远程监测和现场评估。

4.2.1　油品类 LNAPL 污染识别

理论上讲，每一种地质材料与污染物质的物理性质都是固定或有一定分布范围的，但当场地现场状况多元且复杂时，多种物质所反映出综合的物理量未必能代表某种特定的污染情况。所以对于调查工作，了解并熟悉污染历史、水文地质与踏勘等资料十分重要，只有充分收集已有资料，才能在探测结果中分析出可疑的异常区，达成有效的污染潜势调查与判识成果。

LNAPL 进入含水层后一般不能与水混合，而是以液相、气相的形态赋存在土壤、地下水中。由于水是相对的良导体，且含水多孔介质在电性上表现为低阻，一般情况下新鲜的油品等有机污染物导电性远不及水。故当油品类在介质孔隙内替代一部分水后，其整个地电特性就会发生变化，相对于低阻背景，通常会出现高阻异常。但如果场址废弃多年，由于 LNAPL 属于易挥发、易被生物分解的污染物，即容易被自然环境风化的化合物，油品的电导率会随着风化程度与时间明显上升（或电阻率降低），因此，历经数十年的场址，几乎是看不到相对高电阻的油品的。但无论油品是否被风化，其在地下介质中与周围的围岩都可形成明显的电性差别。利用这一特性，高密度电阻率法（ERT）在探测其分布范围及深度上展现出一定的优势。实际测量调查可参考以下几个案例。

（1）巴西润滑油污染场地调查

Lago A L 等（2009）结合高密度电阻率法与探地雷达法调查了巴西一个废弃掩埋场，场地中的污染物质为润滑油，运用地球物理探测技术可以探测出原本未知的废弃物深度。判识方式：此场地中的油品物质应尚未受到细菌作用而酸化，因此仍表现为偏高的电阻率。电阻率剖面中，作者以蓝色色调表示高电阻率，电阻率剖面中深蓝色区域则为污染物分布的范围与深度。污染物的介电常数与地质体明显不同，探地雷达剖面可以清楚地分辨出两者的界面，污染物最大深度约为 7 m。

（2）意大利地下油槽油品污染调查

Godio A 和 Naldi M（2003）应用高密度电阻率法调查了意大利某个地下油槽，在油槽下游处明显发现异常的低电阻率区域，分析该场地泄漏问题已发生许久，油品已经风化。在油槽的上下游进行钻探采样，验证了低电阻率区存在风化油品污染，而上游相对高电阻率区为正常无污染的地层区域。

调查中可能存在的误判因素：新鲜油品的电阻率偏高，但进入地层经由细菌的生化作用后其电阻率会降低，降低的速率根据地质环境的不同而不同。在调查油品类污染问题时，必须考虑上述因素，且应先参考现场采样分析的结果，分析该场地当时的油品电阻率，才能做出正确的分析。

（3）退役的空军基地地区油品污染调查

在美国密歇根州奥斯科达退役的伍特史密斯空军基地的火力训练设施（FT-02）上，电阻率法和对该地区油品污染的研究表明，整体电导率升高，GPR 反射衰减与污染区一致（Schwille F，1998）（图 4-1）。

（4）实验室有机溶剂改变土壤电阻率

Vanhala H 等（1992）在实验室中证明了在土壤里倒入有机溶剂甲苯、乙烯，将改变材料在电性量测时的相位，使得土壤电阻率升高，此实验结果至今仍是以高密度电阻率法探测地下有机污染问题的重要参考文献。

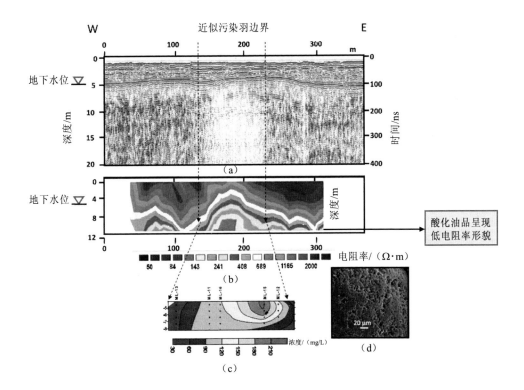

图 4-1　（a）穿过碳氢化合物污染场地的探地雷达剖面，显示出与污染重合的衰减反射区；（b）污染区的电阻率；（c）钙离子；（d）扫描电镜（SEM）图像显示矿物颗粒的蚀刻和点蚀

此外，2009 年生物地球物理调查最有名的一篇文章 *Biogeophysics: A new frontier in Earth science research* 说明了生物分解油品类污染会造成电阻率下降与电导率上升的趋势。在碳氢化合物污染的环境中，代谢副产物对地球物理特性的影响已得到充分证明（Werkema D D et al.，2003；Abdel A G Z et al.，2004；Atekwana E A et al.，2000a，2000b，2009，2010）。溶解的溶质的浓度会导致孔隙流体电导率升高，而孔隙水电导率升高可能是由于有机酸和生物表面活性剂直接添加到溶液中引起的。因此，在烃污染部位的孔隙流体电导率升高似乎是必然，而不是例外。孔隙流体电导率的变化直接导致体积电导率的变化，因此进行电阻率调查具有可行性。

4.2.2　含氯有机物类 DNAPL 污染识别

重质非水相液体是指液体密度比水重的化学物质，具疏水性（不易溶于水）。

这些物质包括含氯溶剂（如三氯乙烯、四氯乙烯与二氯乙烯）、杂酚油（creosote）、煤焦油（coal tar）、多氯联苯（PCB）等。DNAPL 主要以自由相和残留相两种形态存留在地下环境中，当浓度足以在土壤孔隙间形成联结时（pore-to-pore connection），DNAPL 则以自由相存在。DNAPL 由于重力作用而具有移动性，除遇到特殊的地层构造可阻止 DNAPL 的移动外，在移动的过程中，其因毛细作用会在移动路径的土壤孔隙间残留少量 DNAPL，形成残留相。残留相 DNAPL 不具移动性，且不易被调查出来。

美国国家环境保护局将 DNAPL 污染调查技术分成非地球物理（non-geophysical）与地球物理（geophysical）两大类，地球物理污染判释说明如下：

就污染物质与场地的特性而言，高密度电阻率法与探地雷达法的有效应用案例较多，适用场地也较广，所以当土壤及地下水遭受 DNAPL 污染物质侵入时，电性的改变较能被探测技术测定出。在调查应用上，首要了解的是背景环境的信号与污染物质的物理特性。理论上讲，每一种地质体与污染物质的物理性质都是固定或有一定分布范围的，但当场地现况多元且复杂时，多种材料所反映出综合的物理量未必能代表某特定的污染情况，这也反映出前述章节一再强调的对污染历史、水文地质与踏勘等资料了解的重要性，只有充分收集足够的资料，才能在探测结果中分析出可疑的异常区，达成有效的污染潜势调查成果。

结合高密度电阻率法与探地雷达法探测 DNAPL 污染，通常探测成果显示的是地下水位面下方出现的异常体的高电阻率与强反射信号，分析为 DNAPL 污染羽的区域。需要注意的是，浅层异常体的高电阻率可能来自人工结构物的反应或干扰，因此对于现场人工结构物必须在调查之前以踏勘或其他方法探测定位，以免与污染信号混淆。

薄膜界面探测器（MIP）无法提供任何分层资料。如需分层，应在 DNAPL 较可能移动路径上对其取样，因此在取样前应先了解地下水分层的状况。探测器前端的薄膜加热后，土壤中的气体由扩散作用通过薄膜，再被抽出至地面的仪器予以分析，进而提供采样点处不同深度土壤及地下水污染情况。污染物分析仪器有光离子侦测器（PID）、有机气体分析仪（OVA），或利用特别的气体捕捉吹气法设备，再用 GC 或 GC/MS 进行分析。Ajo-Franklin J B 等（2006）整理出一系列含氯 DNAPL 的地球物理性质（表 4-4），其中介电常数、电导率都是地球物理探测时可参考的重要常数。但必须特别留意的是，这些量化的统计常常是在特定的条件限制下或是在实验室中研究出来的结果，而真实的污染场地未必会符合这些结果。例如，新鲜的油品具有低介电常数与高电阻率的性质，但长时间存在于土壤中后可能发生风化，使得介电常数升高，电阻率下降。DNAPL 一般多具有低电阻率的特性，但场地中若已经开始注药整治，或是工厂生产过程中有酸、碱液污水的渗漏，可能会遮蔽高电阻率信号。因此，在真正的污染场地调查中，场地历史、现场踏勘以及环保领域专业人员的经验是非常重要的。

表 4-4　常见氯化溶剂的地球物理性质

化合物	密度 ρ / （kg/m³）	纵波 速度 V_p / （m/s）	体积模量 K / （10⁹ Pa）	介质 常数/ κ	绝对黏度 η / （mPa·s）[b]	表面张力 T_s / （10⁻³ N/m）
1,2-二氯乙烷	1 238	1 173	1.703		0.887	35.3
		1 177		10.08	（15℃）	
	1 238	1 174		10.95		
1,1,1-三氯乙烷	1 321	943	1.175	7.252	0.903	28.28
	1 329	942		7.52	（15℃）	
四氯化碳	1 584	918	1.335	2.240	0.965	29.49
	1 594	935		2.241	（20℃）	
		906		2.213		
二氯甲烷	1 336	1 093	1.596	9.14	0.449	30.41
	1 316	1 052		8.62	（15℃）	
		1 053		8.72		
氯仿	1 489	1 003	1.498	4.84	0.596	29.91
	1 476	985			（15℃）	
		968		4.66		
四氯乙烯	1 606	1 027	1.694	2.29	1.932	32.86
	1 606	1 030		2.28	（15℃）	
三氯乙烯	1 451	1 015	1.495	3.335	0.566	29.5
	1 451	1 014		3.409	（20℃）	
				3.42		
苯	866	1 276	1.410	2.253	0.6028	28.9
	879	1 324			（25℃）	
		1 276		2.268		
甲苯	866	1 328	1.527	0.552	30.9	
	862			2.381	（20℃）	
		1283		2.365		
水 [a]	998	1482	2.192	78.36	1	72

资料来源：Ajo-Franklin J B et al.，2006。

注：[a] 所有水的测量值都是针对蒸馏去离子水。

　　[b] 黏度值下面标注的温度仅适用于黏度。

4.3 国内土壤及地下水污染问题应用案例

地球物理探测技术在土壤与地下水污染问题的应用与理论发展的时间相比，其实是相对较晚的，主要原因是早期公众的环保意识不足，尚未正视土壤与地下水污染问题的严重性，所以地球物理探测技术的应用仍主要集中在地下资源的探测，而非污染问题调查上。1970—1980 年，随着环保意识的提升，为了对污染场地进行整治，开始划定污染位置与范围，因此，才有较多地球物理探测技术应用于土壤地下水污染调查的案例出现。

美国国家环境保护局于 1993 年编撰了一本《地物技术在污染场地适用性》的参考手册（USEPA，1993）。在这本手册中美国国家环境保护局认同地球物理探测技术应用在污染场地的可行性，这本手册已发行 30 年，内容虽涵盖多种技术，但多数为理论发展与资源探测，且 2000 年以后是浅层地球物理探测仪器与理论大幅跃进的阶段，特别是本书提到的电磁波勘查、高密度电阻率法与探地雷达法，这 3 种方法应属最有效、最广泛使用的技术，近 20 年来也有许多相关研究与案例分析的文章发表。

4.3.1 不明填埋场调查

某公司进行炉渣回填整地作业，造成场内地表滞留水呈现碧蓝色。本次调查任务是利用地球物理探测调查方法，确认遭炉石回填的农用污染场地是否另埋有废弃物，并了解炉渣实际回填位置及数量。

本调查总共布设了 14 条高密度电阻率测线，探测长度超过 2 500 m。根据地球物理探测结果，推测有 5 个掩埋区（A～E 区），其中 A、B 区为主要开挖回填炉石区域，开挖深度超过 20 m，推测 A 区回填炉石深度为 22 m 左右，B 区回填炉石深度为 13～15 m。

另外 A 区与 D 区最深处各设置 1 口地质钻探井，地质钻探井结果与地球物理探测方法所推测的炉石掩埋深度相当吻合，故根据钻探资料进行判定，本调查区域电阻率的电性地层可以翔实反映出炉石在本区所掩埋的深度与范围。

（1）感应电磁法结果

本调查采用捷克 GF Instruments 公司出产的 CMD 电磁探测仪，探测深度为

6 m，结果如图 4-2 所示。图 4-2 代表 6 m 深处地层地质体的平均电导率，电导率为 50 mS/m 以上代表地层可能混有炉石，呈现相对高电导率的现象，电导率低于 50 mS/m 则代表相对低导电地层，可能为背景地层，是由砾石组成的现代冲积层。由图 4-2 电导率分布结果可推测出低电导率地层可能为车辆行走的道路，如图中白色折线所示。根据电导率分布，推测有 5 个掩埋区（A～E 区），其中 A 区为电导率最高的分布区域，其余区域电导率相近。对于其余区域，更详细的深度与范围调查采用高密度电阻率法勘查。

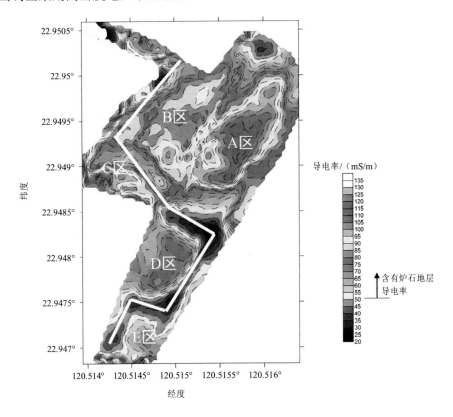

图 4-2　调查区域感应电磁法探测结果

（2）高密度电阻率法结果

本调查总共布设了 14 条高密度电阻率测线，探测长度超过 2 500 m（图 4-3）。目的是利用电性地层电阻率分布了解地下掩埋物分布。根据钻探数据，本区域 0～4 m 为细颗粒砂质地层；4～24 m 为砾石层；超过 24 m 颗粒变细，含泥量增加。

由自然伽马值也可清楚描绘出超过 24 m 的地层含泥量增加。

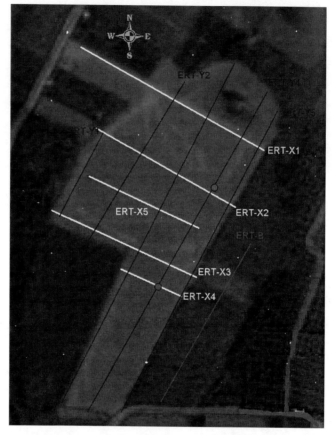

图 4-3　调查区域高密度电阻率法测线位置

ERT-B 为调查区域背景值调查测线，测线长度为 215 m，探测深度超过 40 m，探测结果如图 4-4 所示，图片代表电阻率分布值（电导率的倒数），上层代表高电阻率地层如砾石层；下层代表颗粒较细的地层且相对湿润，因此电导率上升，电阻率下降。探测结果与岩心分布相似，浅层为颗粒较粗的砾石层，呈现出相对较高的电阻率。深度超过 22 m 后地层电阻率下降，代表地层组成物质出现渐变，颗粒变细。综上所述，本调查区域电性地层表现为典型冲积层分布，0~22 m 为高电阻率砾石层，22 m 以下为细颗粒低电阻率地层。

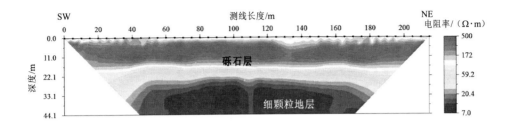

图 4-4　调查区域高密度电阻率法 ERT-B 背景值测线调查结果

ERT-X1 测线施测结果如图 4-5 所示，ERT-X1 测线施测方向由西北向东南方向，总测线长度为 216 m，探测深度超过 22 m。由图 4-5 可知，整体电阻率分布主要分为两个部分，第一部分为电阻率相对低的区域，分布深度由西北方向往东南方向越来越深。超过 96 m 后则呈现漏斗状的形状，最深的深度为 20 m。第二部分则为电阻率相对高的地层，过了低电阻率区域后地层电阻率有升高的趋势，与背景值相对应，其可能为原生地层的电阻率。根据电阻率分布描绘出的黑色虚线，推测为炉石的填埋深度。炉石含量以 96 m 为界，0～96 m 电阻率略高，96～216 m 所掩埋炉石电阻率较低，低于 10 Ω·m，电阻率较低区域便是感应电磁法的 A 区。

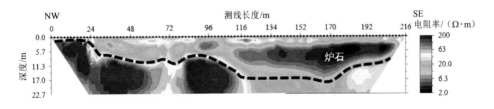

图 4-5　ERT-X1 高密度电阻率法调查结果

ERT-X2 测线施测结果如图 4-6 所示，ERT-X2 测线施测方向由西北向东南方向，总测线长度为 182 m，探测深度超过 22 m。由图 4-6 可知，整体电阻率分布主要分为两个部分，第一部分为电阻率相对低的区域，分布深度呈现两个漏斗状，最深的深度为 21 m。第二部分则为电阻率相对高的地层，过了低电阻率区域后地层电阻率有升高的趋势，与背景值相对应，其可能为原生地层的电阻率。根据电阻率分布描绘出的黑色虚线，表示可能的填埋深度。

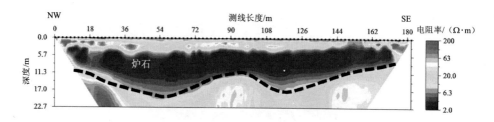

图 4-6 ERT-X2 高密度电阻率法调查结果

ERT-X3 测线施测结果如图 4-7 所示，ERT-X3 测线施测方向由西北向东南方向，总测线长度为 182 m，探测深度超过 22 m。由图 4-7 可知，整体电阻率分布主要分为两区，水平距离以 96 m 为界。0~96 m 探测位置接近边界，电阻率分布零乱，推测此区域掩埋物混乱，并非只有低电阻率炉石，混杂其他材料掩埋深度推测为 10~15 m，此区域为感应电磁法的 C 区。96 m 以后为感应电磁法探测的道路区域，电阻率分布明显与 ERT-X1、ERT-X2 中炉石电阻率不同，偏高许多，所以此区炉石含量与其他区不同。根据电阻率分布描绘出的黑色虚线为可能的开挖深度。

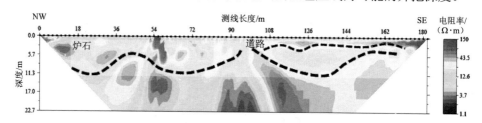

图 4-7 ERT-X3 高密度电阻率法调查结果

ERT-X4 测线施测结果如图 4-8 所示，ERT-X4 测线施测方向由西北向东南方向，总测线长度为 76 m，探测深度超过 15 m。由图 4-8 可知，整体电阻率分布主要分为两个部分，第一部分为电阻率相对低的区域，分布深度呈现两个漏斗的形状，最深的深度约为 12 m。第二部分为电阻率相对高的地层，过了低电阻率区域后地层电阻率呈现升高的趋势，与背景值相对应，则可能为原生地层的电阻率。此区域为感应电磁法的 D 区，根据电阻率分布描绘出的黑色虚线为可能的掩埋深度。此区在推测道路的南边，根据探测结果，此区域开挖深度明显低于 ERT-X1 和 ERT-X2 的 21 m。

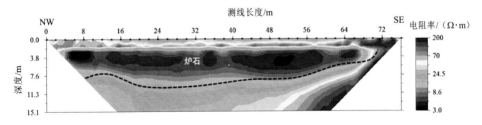

图 4-8　ERT-X4 高密度电阻率法调查结果

ERT-ZZ-3 测线施测结果如图 4-9 所示，ERT-ZZ-3 测线施测方向由西北向东南方向，总测线长度为 76 m，探测深度超过 15 m。本测线目的是了解 D 区炉石深度的延伸性。由图 4-9 可清晰看出炉石电阻率有升高的趋势，且掩埋深度也变浅，大致在 10 m 以内，推测此区域掩埋物混杂其他材料（如砾石、砂等），地层电阻率与 ERT-X4 测线的调查结果不同，没有出现明显低于 10 Ω·m 的现象。

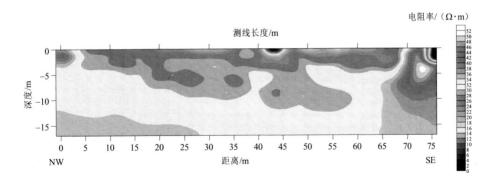

图 4-9　ERT-ZZ-3 高密度电阻率法调查结果

ERT-Y1 测线测量结果如图 4-10 所示，ERT-Y1 测线方向由东北向西南方向，总测线长度为 110 m，探测深度超过 22 m。由图 4-10 可知，整体电阻率分布主要分为两个部分，第一部分为电阻率相对低的区域，分布深度呈现两个漏斗状，最深的深度约为 22 m。第二部分则为电阻率相对高的地层，过了低电阻率区域后地层电阻率呈现升高的趋势，与背景值相对应，则可能为原生地层的电阻率。根据电阻率分布描绘出的黑色虚线为可能的掩埋深度。

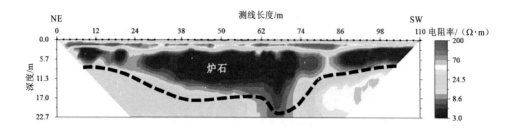

图 4-10　ERT-Y1 高密度电阻率法调查结果

ERT-Y2 测线测量结果如图 4-11 所示，ERT-Y2 测线方向由东北向西南方向，总测线长度为 200 m，探测深度超过 20 m。由图 4-11 可知整体电阻率分布主要分为两个部分，第一部分为电阻率相对低的区域，分布深度呈现漏斗状，最深的深度为 21 m。第二部分则为电阻率相对高的地层，过了低电阻率区域后地层电阻率有升高的趋势，与背景值相对应，则可能为原生地层的电阻率。根据电阻率分布描绘出的黑色虚线为可能的掩埋深度。整条测线位置为感应电磁法的 B 区。

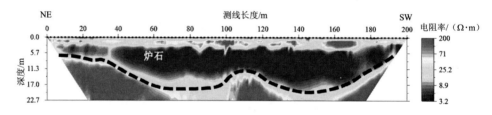

图 4-11　ERT-Y2 高密度电阻率法调查结果

ERT-Y3 测线施测结果如图 4-12 所示，ERT-Y3 测线施测方向由东北向西南方向，总测线长度超过 380 m，探测深度超过 34 m。由图 4-12 可知，整体电阻率分布主要分为两个部分，第一部分为电阻率相对低的区域，分布深度呈现漏斗状的形貌，最深的深度约为 21 m。第二部分则为电阻率相对高的地层，过了低电阻率区域后地层电阻率有升高的趋势，与背景值相对应，则可能为原生地层的电阻率。根据电阻率分布描绘出的黑色虚线为可能的掩埋深度。其中，0～235 m 为感应电磁法的 A 区，240 m 左右为推测的道路区域，而 240 m 以后为感应电磁法的 D 区。此外，可知 A 区与 D 区电阻率分布状况不同，A 区电性地层电阻率比较单纯，而

D 区电阻率分布较为混杂，推测可能为测区边界，有边界效应影响，所以出现一包一包的低电阻率包，连续性不佳。

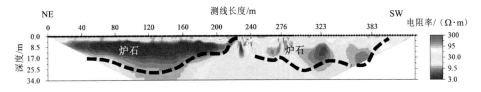

图 4-12　ERT-Y3 高密度电阻率法调查结果

ERT-Y4 测线施测结果如图 4-13 所示，ERT-Y4 测线施测方向由东北向西南方向，总测线长度超过 390 m，探测深度超过 22 m。由图 4-13 可知，整体电阻率分布主要分为两个部分，第一部分为电阻率相对低的区域，分布深度呈现漏斗状的形貌，最深的深度约为 21 m。第二部分则为电阻率相对高的地层，过了低电阻率区域后地层电阻率有升高的趋势，与背景值相对应，则可能为原生地层的电阻率。根据电阻率分布描绘出的黑色的虚线为可能的掩埋深度。其中，0～220 m 为感应电磁法的 A 区，220 m 左右为推测的道路区域，而 220 m 以后为感应电磁法的 D 区。A 区与 D 区皆呈现漏斗状，且 A 区漏斗底部较 D 区深，推测 A 区炉石深度为 22 m 左右，D 区炉石深度在 13～15 m，所以建议在 A 区与 D 区最深处进行地质钻探，以验证环境地球物理结果，并率定电性地层电阻率分布。

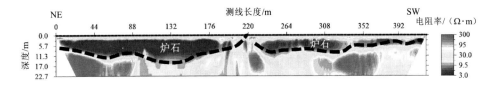

图 4-13　ERT-Y4 高密度电阻率法调查结果

ERT-Y5 测线测量结果如图 4-14 所示，ERT-Y5 测线方向由东北向西南方向，总测线长度为 380 m，探测深度超过 22 m。由图 4-14 可知，整体电阻率分布主要分为两个部分，第一部分为电阻率相对低的区域，分布深度呈现零乱的形貌，最深的深度约为 18 m。第二部分则为电阻率相对高的地层，过了低电阻率区域后地层电阻率呈现升高的趋势，与背景值相对应，则可能为原生地层的电阻率。根据电阻率分布描绘出的黑色虚线为可能的掩埋深度。其中，0～190 m 为感应电磁法的 A 区，190 m 左右为推测的道路区域，而 190 m 以后为感应电磁法的 D 区。两区电阻率分布状况较为混杂，推测可能为测区边界。由于边界效应影响，出现串珠状低电阻率发生异常，连续性不佳。

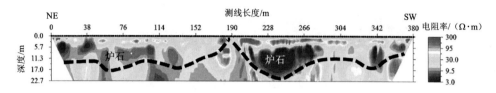

图 4-14 ERT-Y5 高密度电阻率法调查结果

（3）调查成果

根据物理调查结果，在 A 区与 D 区掩埋物最深的地方设置两口地质钻探井，目的是判定电性地层电阻率等值线与掩埋物深度（表 4-5）。

表 4-5 现场工作项目及数量统计

孔号	回填炉石厚度/m	一般土层厚度/m	岩层厚度/m	总钻探深度/m	岩心取样/箱
BH-1	21.60	3.05	1.85	26.50	7
BH-2	10.80	3.00	1.20	15.07	4
总计	32.40	6.05	3.05	41.57	11

现场钻探数据显示了本调查场地地层主要分布情况。BH-1 钻孔地表至 21.60 m 为回填炉石夹细砂，有少许卵砾石，以下至 24.65 m 为棕黄色粉土质黏土，至孔底 26.50 m 为灰色页岩；BH-2 钻孔地表至 7.00 m 为回填炉石，其中 7.00～8.60 m 为灰色粉土质细砂，至 12.40 m 为回填炉石，13.80 m 则为灰色粉土质细砂夹卵砾石，以下至孔底 15.00 m 则为灰色页岩。

两个地质钻探井结果与环境地球物理探测技术所推估的炉石掩埋深度相当吻合，所以根据钻探资料率定，本调查区域电阻率的电性地层可以翔实地反映炉石在本区所掩埋的深度与范围。

综合 14 条高密度电阻率法测线，绘制炉石底部三维等值图，如图 4-15 和图 4-16 所示。由图可知，共有 4 个区域与感应电磁勘查法结果吻合。其中 A 区为最大坑，且地层中炉石电阻率也是本调查区域中最低的。

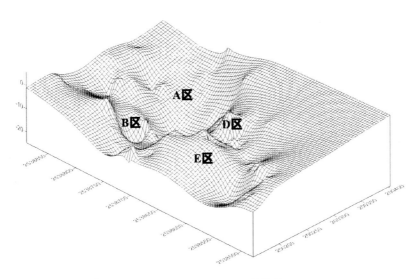

图 4-15　炉石底部三维等值线图

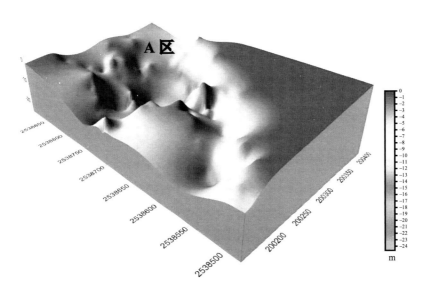

图 4-16　炉石底部三维等深线图

　　三维等深线图更能凸显 A 区、B 区为主要开挖填炉石的区域，且开挖深度超过 20 m。根据 A 区、B 区数据绘制出图 4-17 的 AB 区炉石底部三维等深线图，可以很清楚地了解地下等深线的分布。

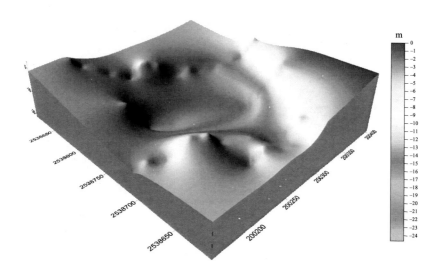

图 4-17　AB 区炉石底部三维等深线图

4.3.2　营运中工厂油品污染调查

调查区地层均为第四纪沉积物，地下水属第四系孔隙潜水及基岩裂隙潜水类型，埋深较浅，为 1.219～5.268 m，平均埋深为 3.893 m。前期调查共布设了 17 个地下水监测点位，基于《地下水质量标准》（GB/T 14848—2017）Ⅳ类水质标准开展的水质评价结果显示，地下水污染物氟化物、镍、硝酸盐、锰和铝的分布较为广泛，其余大部分污染指标均只在个别点位呈现超标情况。

项目地点为面积超过 0.48 km² 的园区，此园区中段溪岸线存在地下水中的石油烃污染向地表水排泄的现象，为重点风险管控区域，期望通过环境地球物理方法描绘出污染范围与污染源位置。本次项目探地雷达目的在于排除园区地下管线与储槽，所以本部分主要以高密度电阻率法来描绘油品污染的现象，呈现调查成果。

调查结果判断出了污染物的空间分布状态，并根据地势与地下水流流向判断调查区内存在的地下水优势流通道，可知污染物主要由西北向东南方向运移。

（1）高密度电阻率法调查

本次调查采用深圳市赛盈地脉技术有限公司研发的 GD-20 高密度电阻率仪。调查目标深度为 20 m，针对大部分区域，高密度电阻率法采用温纳-斯伦贝谢排列法（Wenner-Schlumberger Array）来进行探测，以边缘梯度（Edge Gradient，EG）装置作为补充，以下为部分调查结果。

①ERT 6。

ERT6 测线剖面长度为 118 m，点距为 2 m。结合采集装置，该测线电阻率剖面由上至下分析如下：上层测深 0～1.5 m 处根据电阻率分布推测为混凝土与卵石层，中层测深 1.5～3.7 m 处推测为粉质黏土，下层测深 3.7～12 m 处推测为含黏粒砂土，测深 12 m 以下推测为强风化泥岩。

该测线上没有电阻率较高的含油类污染物区域，整体分层均可作为典型背景值，测线与其他测线剖面进行电阻率对比。ERT6 测线布设图见图 4-18，ERT6 温纳-斯伦贝谢装置电阻率剖面图见图 4-19，由图可知地下水水位约为 4.4 m。

图 4-18　ERT6 测线布设图

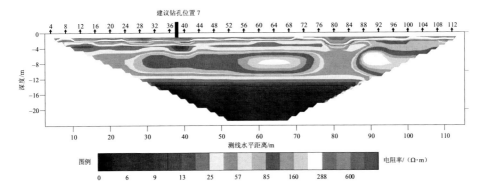

图 4-19　ERT6 温纳-斯伦贝谢装置电阻率剖面图

②ERT 1。

ERT1 测线布设跨越"疑似 NAPL 区"（图 4-20 中的加框区域）。测线剖面长度为 158 m，点距为 2 m。GW-JN4 钻孔孔深为 9.2 m，结合钻孔信息与电阻率剖面采集装置进行如下分析。

图 4-20 ERT1 测线布设图

A. 根据电阻率分布，测线浅层 0～3 m 推测为杂填土，中层 3～7 m 推测为卵石层，下层 7 m 以下推测主要以中风化泥岩为主（图 4-21）。

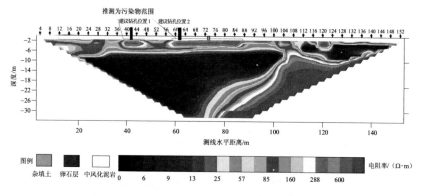

图 4-21 ERT1 温纳-斯伦贝谢装置电阻率剖面图

B. 在测线桩号 40～46 m 与桩号 58～88 m 下方测深 5.5 m 处左右出现两处与周围物质电性差异较大的异常区域，推测为含油类污染物区域。结合钻孔采样情况，推测得到了验证。此外，在测线桩号 120 m 下方测深 3.5 m 处左右也出现一处与周围物质电性差异较大的异常区域，结合现场情况，该处异常推测为绝缘材质的 PVC 管（图 4-22）。

图 4-22 异常区域钻孔采样情况

综上所述，该测线成果与实际钻孔情况匹配较好。ERT1 测线跨越"疑似 NAPL 区"，中部位置出现一处与周围物质电性差异较大的异常区域。整体地下水由西北向东南方向流动，地下水水位为 4.8 m，结合地质情况，污染物可能会向下游即靠近河岸边方向流动。

③ERT 2。

ERT2 测线布设于靠近河岸处的草坪，距离河岸边截油池较近（图 4-23）。测线剖面长度为 198 m，点距为 2 m。该测线电阻率剖面主要分为上、下两层，结合采集装置分析如下：

图 4-23 ERT2 测线布设图

A. 测线上层电阻率分布整体大于 450 Ω·m，推测上层地表至 12 m 范围内为填土层；下层电阻率分布整体小于 100 Ω·m，推测下层为含黏粒砂土。

B. 河边截油池内的水位位于该剖面测深 7 m 处，而剖面在桩号 64～125 m 与 140～160 m 的位置测深 7 m 处存在两处与周围物质电性差异较大的异常区域，由此推测剖面上这两处异常为含油类污染物区域（图 4-24）。

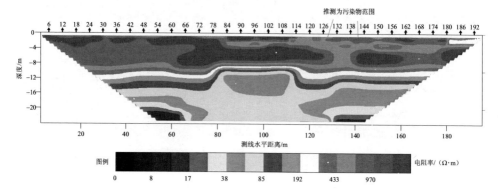

图 4-24　ERT2 温纳-斯伦贝谢装置电阻率剖面图

综上，该测线整体出现两处与周围物质电性差异较大的异常区域，推测为含油类污染物区域。地下水水位为 7 m，流向为西北向东南方向，即向下游河岸流动，污染物可能会随地下水向河岸边截油池内汇集。

④ERT5。

ERT5 靠近河岸，布线于公路旁填土上（图 4-25）。测线剖面长度为 298 m，点距为 2 m。测线电阻率剖面分析如下：在桩号 82~92 m 的位置探测埋深 5 m 处出现一处与周围物质电性差异较大的异常区域，可能为含油类污染物区域。在桩号 168~182 m 埋深 6.5 m 处也出现一处与周围物质电性差异较大的异常区域，电阻率较高，推测为含油类污染物区域（图 4-26）。

图 4-25　ERT5 测线布设图

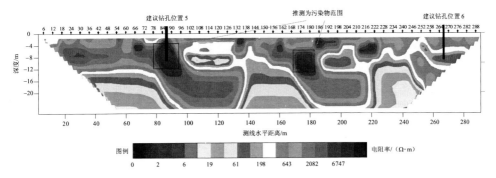

图 4-26　ERT5 温纳-斯伦贝谢装置电阻率剖面图

该测线出现两处与周围物质电性差异较大的异常区域，电阻率较高，推测为含油类污染物区域。同时，因河边设置有截油池位于测线 0～130 m 处，结合测线 ERT1 和 ERT2，以及地质情况，推测可能存在从西北—东南向的地下水通道。

⑤ERT 9。

ERT9 测线靠近河边，长度为 118 m，点距为 2 m（图 4-27）。结合装置，该测线电阻率剖面由上至下分析如下。

A. 该测线浅层 0～7.8 m 根据电阻率分布推测为卵石层，测深 7.8 m 以下推测主要以强风化、中风化泥岩为主。地下水水位约为 3.5 m。

B. 在测线桩号 38～82 m 下方测深 4.5 m 处，出现一处与周围物质电性差异较大的异常区域，推测为含油类污染物区域（图 4-28）。

结合测线 ERT1、ERT2 和 ERT5，推测可能存在地下通道，使部分地下水和污染物由疑似 NAPL 污染区流经至河岸。

图 4-27　ERT9 测线布设图

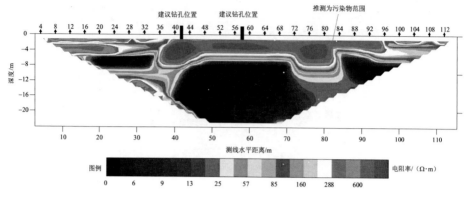

图 4-28　ERT9 温纳-斯伦贝谢装置电阻率剖面图

（2）高密度三维成果

通过三维空间电阻率插值，形成三维数据体。根据高程且取等高程的电阻率平面，来分析同一高度下电阻率的分布状态，以此判断地下水的分布状态与污染物的空间分布状态（图 4-29）。

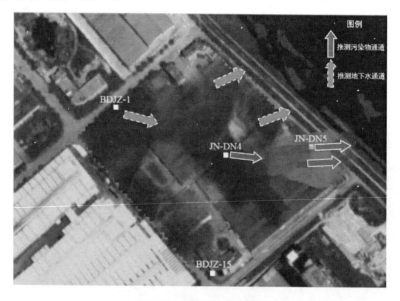

图 4-29　污染物分布范围

调查区内整体高差不大，高程基本位于 135 m 左右。图中虚线色标反映 20～45 Ω·m 的电阻率，主要为含泥质砂岩或含水层，调查区内含水层埋深主要为 3～8 m，泥岩层主要分布在高程 125 m 以下。实线色标为 380 Ω·m 以上的电阻率，主要为污染物的反映。在对电阻率切片图进行分析后，将其与地下水标高进行叠加，并根据地势与地下水流向判断调查区内存在的地下水优势通道，可知污染物主要由西北向东南方向运移，即沿地势以及卵石层—裂隙带等通道随地下水传输至河岸附近。

4.3.3　大型园区污染调查

调查区内存在多家皮革制造业工厂，工厂的生产废水影响园区南侧龙石溪的水质，已在龙石溪多处检测出超标的污水泄漏点，产生的污染物较为单一，主要为有机物，该有机物为皮革制造业主要的染色溶剂。

对重点污染企业的储料罐、废水处理池、使用车间、清洗池以及排水渠等进行详细调查，特别是地下水优势通道。此外，应查明污染物的范围、含量、性质，以便后期处理。本次调查通过环境地球物理方法描绘出调查区的地层分布情况，了解调查区内的地下水优势通道和园区管网分布情况，同时，识别重点关注区域，摸清地块内可能存在的填埋物分布区域、深度及性质。

本次调查共完成探地雷达测线 96 条，长度共计 16 km；高密度电阻率法测线 107 条，长度共计 15.46 km；调查区污染情况的三维形态。

本小节主要阐述代表性的探地雷达法调查、高密度电阻率法调查和高密度三维成果。

（1）探地雷达法调查

本次调查使用青岛中电众益智能科技发展有限公司研发的 GER-10 探地雷达。探地雷达探测剖面共计 96 条，测线较多，主要用于辅助高密度施工，以及辨识地下结构和可能的污水通道。该部分以 Line26 成果作为典型案例。

雷达测线 Line26 位于某革业厂区内（图 4-30）。由图可知，0～60 m 反射数据明显，有多次反射波，显示为管道（深度较浅，有明显的曲线形态）和含水松散区（深度较深，曲线缓且排列不规则），该处的含水松散区与管道之间具有一定的距离，表明两者没有明显的联系（图 4-31～图 4-36）。

图 4-30　Line26 雷达布置图

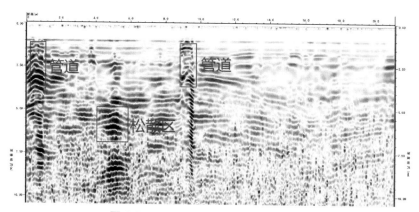

图 4-31　Line26-1（K0～K20）剖面图

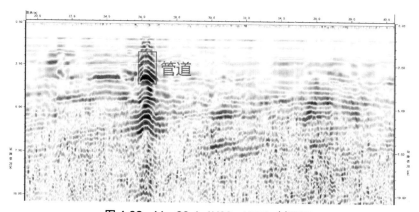

图 4-32　Line26-1（K20～K40）剖面图

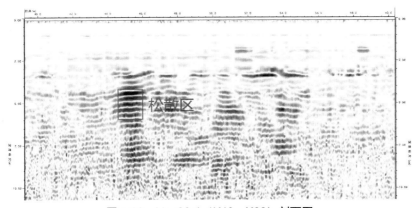

图 4-33　Line26-1（K40～K60）剖面图

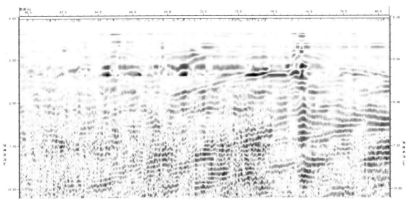

图 4-34　Line26-1（K60～K80）剖面图

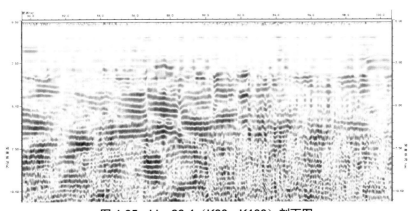

图 4-35　Line26-1（K80～K100）剖面图

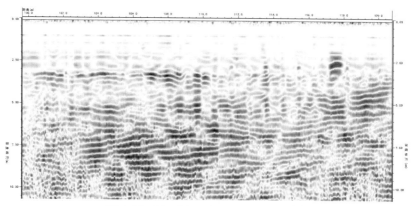

图 4-36　Line26-1（K100～K120）剖面图

（2）高密度电阻率法调查

本次调查采用深圳市赛盈地脉技术有限公司研发的 GD-20 高密度电阻率仪。共完成高密度测线 107 条，由于测量区域面积较大，按照 1 km² 进行切分，切分成了四张图（图 4-37～图 4-41）。

图 4-37　高密度测线布置总图

图 4-38　高密度测线布置分图 1

图 4-39　高密度测线布置分图 2

图 4-40 高密度测线布置分图 3

图 4-41 高密度测线布置分图 4

本次测线数量较多,该处节选特征剖面进行阐述。

①原始河道:某皮革 Line29 和 Line33。

Line29 测线位于某皮革厂(图 4-42),布设于道路内开挖场地,测线方向由北向南,测线剖面长度为 118 m,点距为 2 m。

图 4-42 Line29 和 Line 33 测线布置图

探测结果显示，测线电阻率从上到下分为 3 层（图 4-43）：

A. 上层电阻率为 5～50 Ω·m，高程分布为 70～80 m，推测为填土。缺陷点 28 位于桩号 42 m 处，S46 号钻孔点位位于桩号 78 m 处，推测为杂填土。

B. 中层电阻率为 50～80 Ω·m，高程分布为 60～70 m，推测为原始河道和原始沉积物。

C. 下层为低阻层，电阻率分布为 16 Ω·m 以下，高程分布为 50～70 m，推测为以泥岩为主的基岩层。

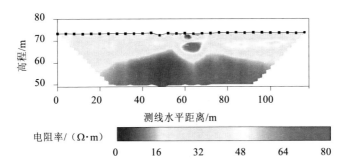

图 4-43　Line29 测线温纳-斯伦贝谢装置电阻率剖面图

Line33 测线位于某皮革厂内侧（图 4-42），布设于厂区内水泥道路上，东西走向，剖面长度为 102 m，点距为 2 m，总点数为 52。

探测结果显示，测线电阻率从上到下分为 3 层（图 4-44）。

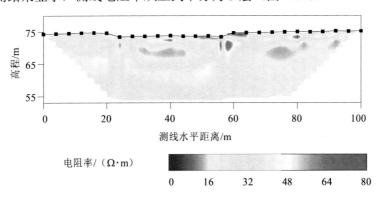

图 4-44　Line33 测线温纳-斯伦贝谢装置电阻率剖面图

A. 上层电阻率为 5～50 Ω·m，高程分布为 70～75 m，有小处低阻团晕与高阻团晕，推测为填土。

B. 中层电阻率为 16～32 Ω·m，高程分布为 65～70 m，推测为原始河道和河道沉积物。

C. 下层为中阻层，电阻率分布为 32～48 Ω·m 或为更低，高程分布为 50～70 m，推测为以砂岩为主的基岩层。

②原始山地：Line8。

Line8 测线位于某革业东门一侧，测线布置于道路旁花坛内（图 4-45）。测线起点位于 S12 号钻孔点位南侧 15 m，测线终点位于 S60 号钻孔点位西侧 15 m。探测结果显示，测线桩号 0～280 m 为均质无污染电性地层，可作为背景地层。

图 4-45　Line8 测线布置图

该区电阻率性质主要分为：0～240 m 的低—高二层结构，240～400 m 的高—低—高三层结构。240～400 m 的地表高阻层主要是由于地势升高，基岩露出导致。S47 号钻孔显示地下水水位位于高程 77.4 m 左右，与现场的低阻层较为接近，推测现场的低阻层为含水层（图 4-46）。

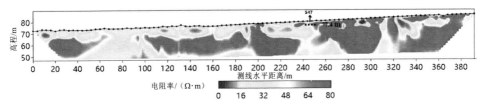

图 4-46　Line8 测线温纳-斯伦贝谢装置电阻率剖面图

疑似污染泄漏点主要位于测线后段，该处低阻异常值低、范围小，形态有向下延伸的趋势，且围岩电阻率高。桩号 290 m 有一处低阻异常点，埋深范围为 2～5 m；桩号 326 m 有一处低阻异常点，埋深范围为 2～7 m。分析污染传输可能是由管道泄漏或者地下水通道运输导致的。

③原始池塘：Line51。

Line51 测线位于某环保厂区内东侧，布设在厂区内水泥道路上，方向北西向南东，测线剖面长度为 118 m，点距为 2 m（图 4-47）。

图 4-47　Line51 测线布置图

测线电阻率从左至右分为两个部分（图 4-48）。第一部分为桩号 0～38 m，上层为杂填土，电阻率为 5～70 Ω·m，高程分布为 70～75 m；下层电阻率小于 30 Ω·m，低阻异常埋深范围为 6～15 m。

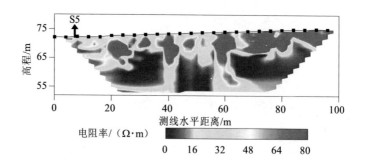

图 4-48　Line51 测线边缘梯度装置电阻率剖面图

　　第二部分上层桩号 45～55 m 有一处低阻区域，电阻率小于 30 Ω·m，推测可能为浸润区，高程分布为 70～75 m；下层桩号 38～62 m 有一处高阻区域，电阻率大于 70 Ω·m，推测为以砂岩为主的基岩层。因此，推测水污染可能处于测线前段，主要污染由东沿地势—结构体—道路—砂岩层传输至测线附近。

　　与已知信息对比，深部的低阻层推测为原先的池塘所在位置。

　　④拥有污水池的在产企业：Line40 和 Line104。

　　Line40 测线位于某布业厂区内部，南北走向，测线剖面长度为 118 m，点距为 2 m（图 4-49）。探测结果显示，上层为杂填土，电阻率为 5～70 Ω·m，高程分布为 60～80 m。桩号 22～45 m 有一处低阻区，低阻异常埋深范围为 5～15 m；桩号 60～80 m 有一处电阻率较低区，低阻异常埋深范围为 5～15 m；桩号 80～100 m 有一处浅部的低阻异常（图 4-50）。

图 4-49　Line40 测线布置图

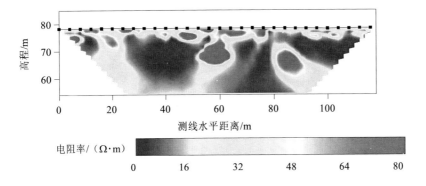

图 4-50　Line40 测线温纳-斯伦贝谢装置电阻率剖面图

　　这几处低阻异常都与深部的低阻相连，深部的低阻可能为含泥质砂岩或者受到污水浸润的砂岩，需要进一步钻孔验证。

　　Line104 测线位于某能源厂厂区北侧，走向由西侧向东侧（图 4-51）。测线使用温纳-斯伦贝谢装置进行测量，数据结果总体分析如下：测线 0～120 m 为办公区，测线 120～240 m 为厂区罐区。测线纵向呈现高—低—高三层电性结构层。其中，低阻层中的高阻体呈现等间距规律性排列，推测为填河建筑结构基础；位于 156～162 m 的低阻体为地下水优势通道；深部高阻层为基岩。在电极剖面 120～144 m 附近呈现低阻凹陷，推测为古河道影响所致（图 4-52、图 4-53）。

图 4-51　Line104 测线现场布置图

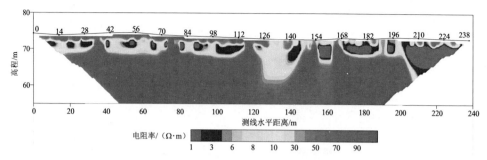

图 4-52   Line104 测线温纳-斯伦贝谢装置电阻率剖面图

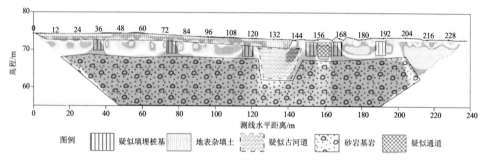

图 4-53   Line104 测线地质解释

⑤已经验证有污水通道存在的企业：某革业 Line47。

Line47 测线位于某革业厂区内，布设在厂区内的水泥道路上，横跨西南门 2，测线方向由西向东，测线剖面长度为 126 m，点距为 2 m，总点数 64（图 4-54）。探测结果显示，测线电阻率从左到右分为两部分（图 4-55、图 4-56）：

图 4-54   Line47 测线布置图

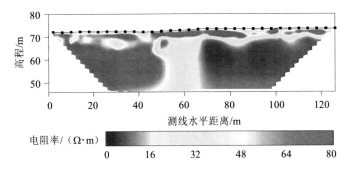

图 4-55　Line47 测线温纳-斯伦贝谢装置电阻率剖面图

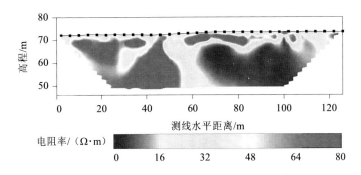

图 4-56　Line47 测线边缘梯度装置电阻率剖面图

第一部分为高阻区域，电阻率分布为 $70\ \Omega\cdot m$ 以上，推测为以砂岩为主的基岩层，高程分布为 $50\sim70\ m$，桩号 $0\sim60\ m$；第二部分为低阻部分，电阻率小于 $30\ \Omega\cdot m$，推测为以泥岩为主的基岩层，高程分布为 $50\sim68\ m$，桩号 $60\sim126\ m$。低阻部分上层为电阻率较大的高阻区域，结合钻孔推测为素填土，埋深范围为 $0\sim3\ m$。桩号 $50\ m$ 有一处低阻异常区，埋深范围为 $5\sim10\ m$，推测主要污染由西北方向沿地势—砂岩层—裂隙带传输至测线附近。

（3）高密度三维成果

通过对区内高密度数据的合并，获得区内的三维电阻率分布，从而根据主要低阻团块的分布来确定主要的低阻异常区。由图 4-57 可知低阻区主要赋存位置，区内三维低阻优势区与推测水流通道见图 4-58。

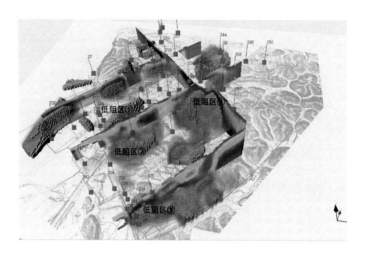

图 4-57 区内三维电阻率低阻分布图

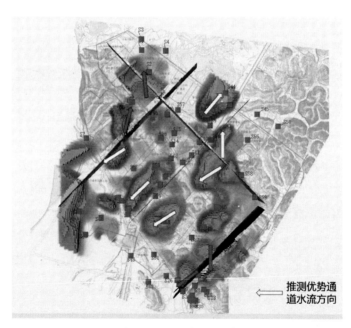

图 4-58 区内三维低阻优势区与推测水流通道

上文提到的某能源厂为园区内重要的污水处理企业，且其位于原先的古河道填河区内，故选取该厂区进行三维研究。图 4-59 为正视投影图，图 4-60 为斜视投影图。由图可以看出一个明显的低阻等势体，推测该处为古河道。此外，两个高阻体中间夹杂一处低阻异常，推断为地下水优势通道。

图 4-59　能源厂厂区内三维低阻优势区（正视投影图）

图 4-60　能源厂厂区内三维低阻优势区（斜视投影图）

4.3.4　废弃园区土壤与地下水污染调查

此次调查的废弃园区前期主要从事农药、日用化学品、气雾剂等产品的生产经营活动。物理探测调查的目的是进一步探测目标地块土壤及地下水污染范围，避免目标地块内可能存在的污染物对未来地块内及周边活动人员身体健康造成影响。即基于目标地块土壤污染状况调查及风险评估情况，利用地球物理探测技术对目标地块污染区域进行详细探测，根据探测数据的分析解译结果进一步精确目标地块污染范围，为下一步场地修复与风险管控阶段提供参考依据。

调查基于地球物理探测结果来展开分析、评估和提出建议。调查结果显示，测区为西北高、东南低的地势，区内有多个低阻团块状、低阻汇集区，为污染物的优势赋存地和通道。全区的低阻异常主要可以分为 A 区、B 区、C 区、D 区、E 区，而区内与污染物相关的低阻团块有 A、B、C、D 四块。这四块团块低阻异常，具有埋深一定、由上而下扩大并终止于一定深度的特征，可能为污染扩散通道和污染晕。其他低阻团块埋深较深且体积较大，推测具有区内水体富集的特征。

调查场地分为五、六、七地块。其中，五地块占地面积为 28 601 m²，主要包括农药生产车间、锅炉房、机修车间、仓库和电房等，涉及增效醚、杀虫双和三氯杀虫酯、菊酯类农药等产品的生产；六、七地块总占地面积为 51 339.3 m²，主要包括农药生产车间、原辅材料和产品的储存设施以及公用工程和辅助装置等，涉及增效醚、菊酯类农药等产品的生产和配制分装（图 4-61）。

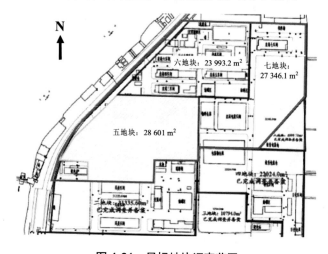

图 4-61　目标地块调查范围

　　根据前期收集的目标地块地质及水文地质条件、污染状况调查等资料，在五、六、七地块内对高密度电阻率法、探地雷达法及感应电磁法的实施分别进行计划部署。

　　①重点对已初步查明污染范围的区域加密布设高密度电阻率测线，所布测线主要经过前期各类调查点位 S24～S33、H48～H50、T3～T9、H29～H25、Z17～Z22、S1～S9 和 A31～A37 等。

　　②对七地块疑似危险废物填埋区（位于七地块东北角）进行探地雷达法探测。

　　③对五、六、七地块全场进行感应电磁法探测。

（1）高密度电阻率法调查

　　本次调查采用深圳市赛盈地脉技术有限公司研发的 GD-20 高密度电阻率仪。该部分将选择代表性剖面予以展示，最后整体展示三维成果（图 4-62）。

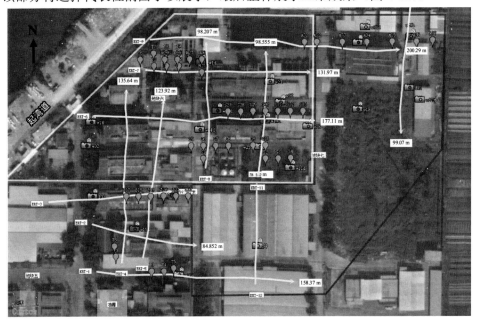

图 4-62　高密度电阻率法实施方案

　　背景测线如图 4-63 所示，从地层物性来看，0～4 m 深度范围内的地层电阻率在 4 Ω·m 以上，局部区域电阻率达到 20 Ω·m 左右，可初步判别地层岩性为杂填土；4 m 以下地层电阻率在 2 Ω·m 以内，初步判别地层岩性为淤泥质黏土。

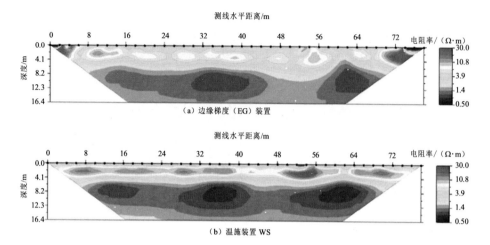

图 4-63　场外背景参考测线解译结果［边缘梯度（EG）装置对横向不均匀性的反演较好，温施装置 WS 对垂向的分辨率更高］

ERT-3 测线沿东西向布设，穿过原农药二车间。由图 4-64 可以看出：

①0～2.5 m 深度范围之内为分布不均匀的杂填土。

②水平方向 58～100 m，地表杂填土高阻层不可见，推测该处为后期被人工扰动过的非原生土（疑似污染区域）。

③5 m 深度以下电阻率大于 10 Ω·m，推测为疑似污染区域。

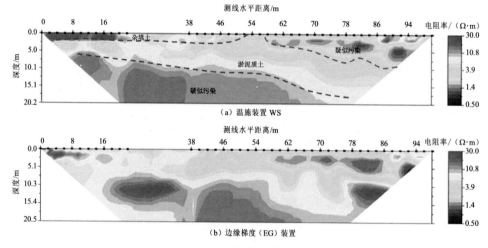

图 4-64　ERT-3 测线解译结果

ERT-6 线由西向东，其 3 m 之内为不均匀的杂填土。其中水平距离 24～34 m 和 72～160 m 地表杂填土高阻层不可见，推测为非原生土；24～46 m 和 60～90 m 推测后期被人工扰动过，为污染土。深色线圈定的 4.4 m 以下的污染土为淤泥质土，深部 18 m 以下呈现中阻，为强风化带黏土层（图 4-65、图 4-66）。

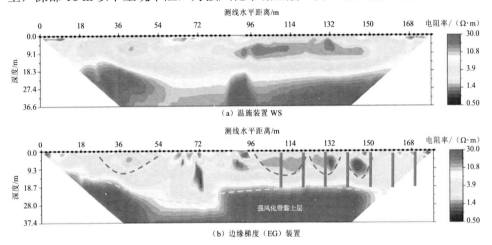

图 4-65　ERT-6 测线解译结果

图 4-66　ERT-6 测线 135～140 m 发现的 NAPL 物质

根据实际钻孔结果，该处存在不同程度的污染，超标指标有甲苯、1,2-二氯乙烷、二氯甲烷、1,2-二氯苯和氯仿等，部分对应关系如图 4-67 和图 4-68 所示。

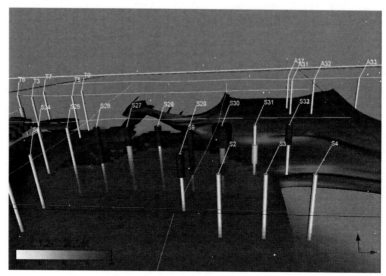

图 4-67　污染物聚集处低阻形态与污染物（1,2-二氯乙烷）对应关系

图 4-68　污染物聚集处低阻形态与污染物（二氯甲烷）对应关系

　　总体来说，区域内的底部风化带埋深呈现北浅南深的趋势。本区污染土的特点为浅表的杂填土层消失或者杂乱，深部部分区域呈孤立低阻异常分布（图 4-69）。

图 4-69　全区测线解译结果

（2）探地雷达法调查

本次调查使用青岛中电众益智能科技发展有限公司研发的 GER-10 探地雷达。针对危险废物区域进行探地雷达调查，测线布设如图 4-70 所示。

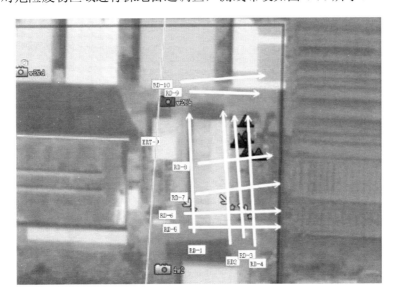

图 4-70　探地雷达法实施方案

结果表明：RD-5、RD-8、RD-9、RD-10 测线解译结果未发现有疑似金属管道或罐体，RD-1、RD-3 测线解译结果发现疑似管道，RD-2、RD-4、RD-6、RD-7 测线处发现疑似罐体，部分探地雷达解译图如图 4-71 及图 4-72 所示。

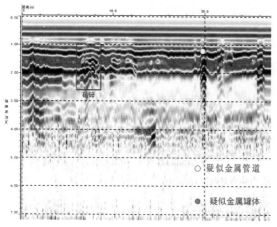

图 4-71　RD-3 测线探地雷达解译图

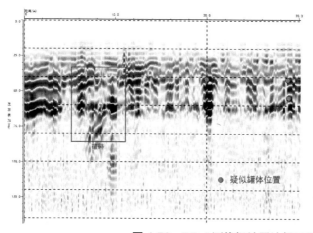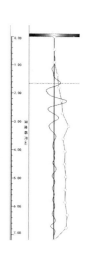

图 4-72　RD-4 测线探地雷达解译图

（3）感应电磁法调查

感应电磁法探测采用美国 GEOPHEX 公司生产的 GEM-2 感应电磁仪，探测区域如图 4-73 所示。

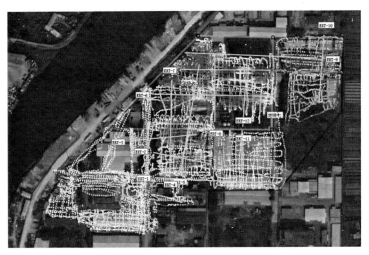

图 4-73 感应电磁法探测区域

图 4-74～图 4-77 为不同频率的 EM 等值线剖面成果图。黑框部分为现场的大型金属干扰和新建建筑。1 号、2 号、3 号虚线异常随着深度范围变大，电导率异常变小说明，其为浅部的污染体。4 号、5 号随着深度范围变大，电导率异常幅值变化不大，推测为与金属相关异常。

导电率/（mS/m）

100.0 212.5 325.0 437.5 550.0 662.5 775.0 887.5 1000.0

图 4-74 63 kHz 电导率等值线平面图（0.5 m）

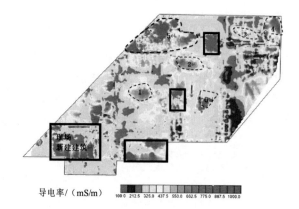

导电率/（mS/m）

100.0 212.5 325.0 437.5 550.0 662.5 775.0 887.5 1000.0

图 4-75　18 kHz 电导率等值线平面图（1.5 m）

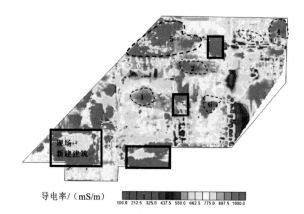

导电率/（mS/m）

100.0 212.5 325.0 437.5 550.0 662.5 775.0 887.5 1000.0

图 4-76　5 kHz 电导率等值线平面图（3 m）

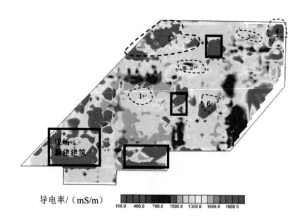

导电率/（mS/m）

100.0 400.0 700.0 1000.0 1300.0 1600.0 1900.0

图 4-77　1.5 kHz 电导率等值线平面图（5 m）

不同频率电导率成果显示，除去已知干扰（图内黑色矩形框）外，最大值分别为测区西北角和东北角（4 区、5 区、6 区）。这些极大值团块不随着频率减小而减小，推测这些区块与重金属污染或者近地表残留金属结构相关（这 3 处都存在地面建筑结构和水池）。感应电磁法技术调查结果确认本场地整体电导率为 100 mS/m 左右。

通过全区高阻异常形态推断，测区具有西北高东南低的地势。区内有多个低阻团块状低阻汇集区，为污染物的优势赋存地和通道。由于本测区面积较大，测深 30 m 不易观察，所以将垂向的距离拉伸 2 倍（图 4-78～图 4-81）。

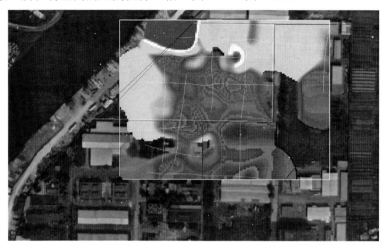

图 4-78　全区高低阻电阻率分布图俯视图

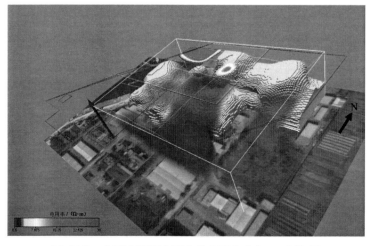

图 4-79　全区高低阻电阻率分布图东南角 45°斜视图

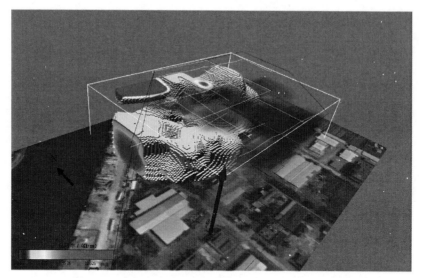

图 4-80　全区高低阻电阻率分布图西南角 45°斜视图

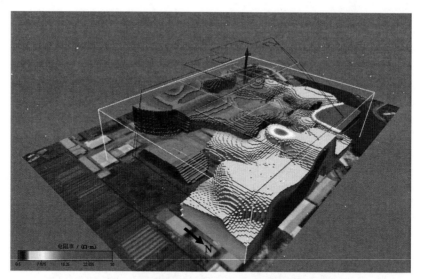

图 4-81　全区高低阻电阻率分布图东北角 45°斜视图

综上所示，全区的低阻异常主要可以分为以下几个区（图 4-82）：

①A 区分布在六区的左上角金属污染物异常区附近，异常小而浅，仅被两条测线头控制。

②B 区分布在六区右下角，从钻孔数据和低阻异常体的数据来看，其为区内

主要的污染区块。

③C 区分布在五、六、七地块交接处，为较小的异常区块。目前收集到的数据没有钻孔数据，可以根据 B 区特征推测该地块上方有污染物赋存。

④D 区分布在七地块下部，仅由一条高密度测线控制，异常深且面积大，推测为区内地下水富集区。

⑤E 区也为少量的低阻异常块，推测情况与 A 区类似。

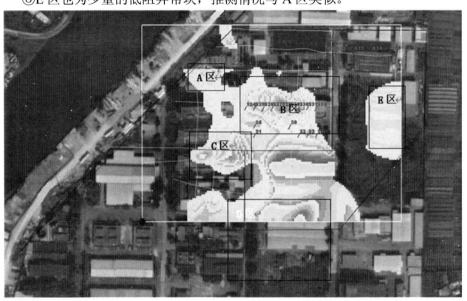

图 4-82　全区低阻异常圈定图

参考文献

[1] 乔斐，王锦国，郑诗钰，等，2022. 重点区域建设用地污染地块特征分析[J]. 中国环境科学，42（11）：5265-5275.

[2] 环境保护部，国土资源部，2014. 全国土壤污染状况调查公报[R].

[3] 严青，王琳杰，2021. 我国土壤污染现状及主要防治策略[J]. 乡村科技，12（30）：94-96.

[4] 谢鹏宇，2021. 土壤污染现状与修复方法[J]. 农业与技术，41（3）：55-57.

[5] 周国新，2020. 我国土壤污染现状及防控技术探索[J]. 环境与发展，32（12）：26-27.

[6] 林美丽，2022. 土壤重金属污染现状及检测分析技术研究进展[J]. 化工设计通讯，48（7）：145-147.

[7] 沈萍，2021. 国内土壤污染现状及治理措施分析[J]. 皮革制作与环保科技，2（17）：57-58.

[8] 王维东，2021. 我国当前土壤污染的现状及法律政策防治之道[J]. 现代农业研究，27（5）：38-39.

[9] 刘赞，高燕哺，王建英，等，2022. 我国土壤环境污染现状及防治办法[J]. 黑龙江环境通报，35（1）：97-99.

[10] 庄国泰，2015. 我国土壤污染现状与防控策略[J]. 中国科学院院刊，30（4）：477-483.

[11] 深圳市生态环境局，2020. 土壤环境背景值（DB4403/T 68—2020）.

[12] 中华人民共和国生态环境部，2021. 中国生态环境状况公报[R].

[13] 吕川，刘德敏，2021. 吉林省地下水污染现状与防控措施[J]. 绿色科技，23（20）：71-73，97.

[14] 谢浩，李军，邹胜章，等，2021. 基于文献计量学的地下水污染研究现状[J]. 南水北调与水利科技（中英文），19（1）：168-178.

[15] ZHANG Q，LI P，LYU Q，et al.，2022. Groundwater contamination risk assessment using a modified DRATICL model and pollution loading: A case study in the Guanzhong Basin of China[J]. Chemosphere，291：132695.

[16] 张謤，2021. 城市地下水污染治理与防治对策分析[J]. 当代化工研究，（23）：92-94.

[17] 丁嘉琰，2020. 城市地下水污染现状及防治技术研究[J]. 资源节约与环保，（11）：47-48.

[18] 严琼，2021. 我国地下水污染现状、治理技术及防治建议[J]. 山东化工，50（22）：225-227.

[19] LUO M，ZHANG Y，LI H，et al.，2022. Pollution assessment and sources of dissolved heavy metals in coastal water of a highly urbanized coastal area: The role of groundwater discharge[J]. Science of the Total Environment，807：151070.

[20] 骆坤，2022. 我国农村地下水污染现状以及污染防治对策研究[J]. 皮革制作与环保科技，3（6）：173-175.

[21] 中华人民共和国生态环境部，2018. 中国生态环境状况公报[R/OL]. http://www.mee.gov.cn/ywdt/tpxw/201905/t20190529_704841.shtml.

[22] 刘学鹏，潘高峰，赵遥菲，等，2021. 地下水中锰污染现状及治理技术进展[J]. 当代化工研究，（23）：89-91.

[23] 高存荣，王俊桃，2011. 我国69个城市地下水有机污染特征研究[J]. 地球学报，32（5）：581-591.

[24] 彭丽杰，王继华，2009. 我国地下水污染现状及微生物修复[C]. 南京：首届全国地下水开发利用与污染防治技术交流研讨会：13-16.

[25] 黄文建，陈芳，么强，等，2021. 地下水污染现状及其修复技术研究进展[J]. 水处理技术，47（7）：12-18.

[26] 位振亚，罗仙平，梁健，等，2018. 地下水污染检测技术研究进展[J]. 有色金属科学与工程，9（2）：103-108.

[27] 黄承武，1989. 我国饮用地下水中过量氟化物、硝酸盐和砷的地理分布[J]. 环境与健康杂志，（6）：7-9.

[28] 张立敏，1989. 地球物理学的一个新的应用领域——环境地球物理探测[J]. 地球物理学进展，（4）：24-26.

[29] 叶腾飞，龚育龄，董路，等，2009. 环境地球物理在污染场地调查中的现状及展望[J]. 环境监测管理与技术，21（3）：23-27.

[30] 李学军，陈惠云，2009. 环境地球物理技术方法在城市环境地质中的应用[C]//. 山东：地球物理六十年：637-643.

[31] 崔霖沛，1993. 方兴未艾的环境地球物理工作[J]. 中国地质，（8）：28-29.

[32] 董路，叶腾飞，能昌信，等，2008. ERT技术在无机酸污染场地调查中的应用[J]. 环境科学研究，（6）：67-71.

[33] 胡开友，2021. 基于高密度电法的地下水硝酸盐污染分布研究[D]. 济南：山东大学.

[34] 刘豪睿，2010. 铬渣污染场地复电阻率法探测技术研究[D]. 北京：中国矿业大学（北京）.

[35] 陆晓春，2013. 铬污染土壤电阻率和复电阻率实验方法研究[D]. 南昌：东华理工大学.

[36] 聂慧君，2018. 高密度电阻率法和激发极化法在重金属—有机物复合污染探测中的应用研究[D]. 南京：南京大学.

[37] 柯瑞，2020. 探地雷达和钻孔采样分析在铬污染场地调查中应用研究[D]. 北京：中国地质大学（北京）.

[38] 刘文辉，乔翠平，索奎，等，2022. 综合物探方法在锌污染场地探测中的应用[J]. 华北水利水电大学学报（自然科学版），43（2）：77-83.

[39] 张辉，陈小华，付融冰，等，2015. 加油站渗漏污染快速调查方法及探地雷达的应用[J]. 物探与化探，39（5）：1041-1046.

[40] 连晟，查恩来，王春辉，等，2012. 物探方法在浅源石油烃类污染探测中的应用[J]. 物探与化探，36（5）：865-868.

[41] 刘雪松，蔡五田，李胜涛，2011. 土壤与地下水中 DNAPL 的污染机理与调查技术[J]. 油气田环境保护，21（6）：37-39，43，81.

[42] 程业勋，杨进，赵章元，2007. 环境地球物理学的现状与发展[J]. 地球物理学进展，（4）：1364-1369.

[43] 朱义仁，董伦道，车明道，2000. 地物技术提高污染场址取样命中率之研究［C］//台湾工程地质技术应用研讨会（XI）论文集.

[44] 李远强，李祥强，2002. 利用高精度磁法探测地下遗弃炮弹[J]. 北京地质，（2）：40-42，45.

[45] 李学山，肖波，郑文棠，等，2018. 基于地下电学特征变化对垃圾场有害液体渗漏监测的研究试验[J]. 南方能源建设，5（S1）：209-214.

[46] 舒成，周建伟，任嘉伟，等，2017. 基于"ERT"的土壤污染原位修复监测技术试验研究[J]. 水利水电技术，48（12）：111-117，137.

[47] 姜勇，徐刚，杨洁，等，2020. 高密度电法在原位修复土壤过程中的监控研究[J]. 环境监测管理与技术，32（6）：18-22.

[48] 和丽萍，李敏敏，吴见珣，等，2022. 电阻率成像法在原位修复药剂灌注成效评价中的应用[J/OL]. 环境工程：1-13. http://kns.cnki.net/kcms/detail/11.2097.X.20200803.0844.002.html.

[49] PALMER C D，PULS R W，1994. Natural attenuation of hexavalent chromium in groundwater and soils：ground water issue[J]. Environmental Protection Agency，13.

[50] SCHWILLE F, 1988. Dense chlorinated solvents in porous and fractured media Lewis, Chelsea, MI.

[51] USEPA, 1993. Evaluation of the likelihood of DNAPL presence at NPL sites, national results, EPA/540-R-93-073, U.S. EPA, Washington, DC.

[52] WIEDEMEIER T H, RIFAI H S, NEWELL C J, et al., 1999. Natural attenuation of fuels and chlorinated solvents[M]. New York: John Wiley & Sons.

[53] KEELY J F, 1989. Ground water Issue, USEPA/540/4-89/005.

[54] GRATHWOHL P, 2001. Geochemical process evaluation: Time scales of contaminant release from complex source zones, Prospect and limits of natural attenuation at Tar oil contaminated sites, Dresden, March, 22/23.

[55] American Petroleum Institute, 1989. Hydrogeologic data base for groundwater modeling, API Publication 4476, API, Washington, DC.

[56] NYER E K, 1999. DNAPL—Stop the madness[J]. Groundwater Monitoring and Remediation, 19 (1): 62-66.

[57] BEDIENT P B, RIFAI H S, NEWELL C J, 1999. Groundwater contamination transport and remediation[M]. New Jersey: PTR Prentice Hall: 604.

[58] EILEEN P, DAVID R G, 1990. Influence of aquifer heterogeneity on contaminant transport at the Hanford site[J]. Groundwater, 28 (6): 900-909.

[59] FETTER C W, 1999. Contaminant Hydrogeology, Prentice Hall, Upper Saddle River, NJ 07458, 500.

[60] LAGO A L, ELIS V R, Borges W R, et al., 2009. Geophysical investigation using resistivity and GPR methods: a case study of a lubricant oil waste disposal area in the city of Ribeirão Preto, São Paulo, Brazil[J]. Environ Geol, 58: 407-417.

[61] GODIO A, NALDI M. 2003. Two-dimensional electrical imaging for detection of hydrocarbon contaminants[J]. Near Surface Geophysics, 1: 131-137.

[62] SCHWILLE F, 1988. Dense chlorinated solvents in porous and fractured media Lewis, Chelsea, MI.

[63] VANHALA H, SOININEN H, KUKKONEN I, 1992. Detecting organic chemical contaminants by spectral-induced polarization method in glacial till environment[J]. Geophysics, 57: 1014-1017.

[64] ATEKWANA E A，SLATER L D，2009. Biogeophysics：A new frontier in Earth science research[J]. Reviews of Geophysics，47（4）.

[65] WERKEMA D D Jr，ATEKWANA E A，ENDRES A，et al.，2003. Invertigating the geoelectrical response of hydrocarbon contamination undergoing biodegradation[J]. Geophys Res Lett，30：1647.

[66] ABDEL A G Z，ATEKWANA E A，SLATER L D，et al.，2004. Effects of microbial processes on electrolytic and interfacial electrical properties of unconsolidated sediments[J]. Geophysical Research Letters 31：doi：10.1029/2004GL020030. issn：0094-8276.

[67] ATEKWANA E A，SAUCK W A，WERKEMA D D J，2000a. Investigations of geoelectrical signatures at a hydrocarbon contaminated site[J]. J Appl Geophys，44：167-180.

[68] ATEKWANA E A，SAUCK W A，WERKEMA D D J，2000b. Investigations of geoelectrical signatures at a hydrocarbon contaminated site[J]. Journal of Applied Geophysics，44（2）：167-180.

[69] ATEKWANA E A，ELIOT A A，2010. Geophysical signatures of microbial activity at hydrocarbon contaminated sites：a review[J]. Surv Geophys，31：247-283.

[70] AJO-FRANKLIN J B，GELLER J T，HARRIS J M，2006. A survey of the geophysical properties of chlorinated DNAPLs[J]. J Appl Geophys，59：177-189.